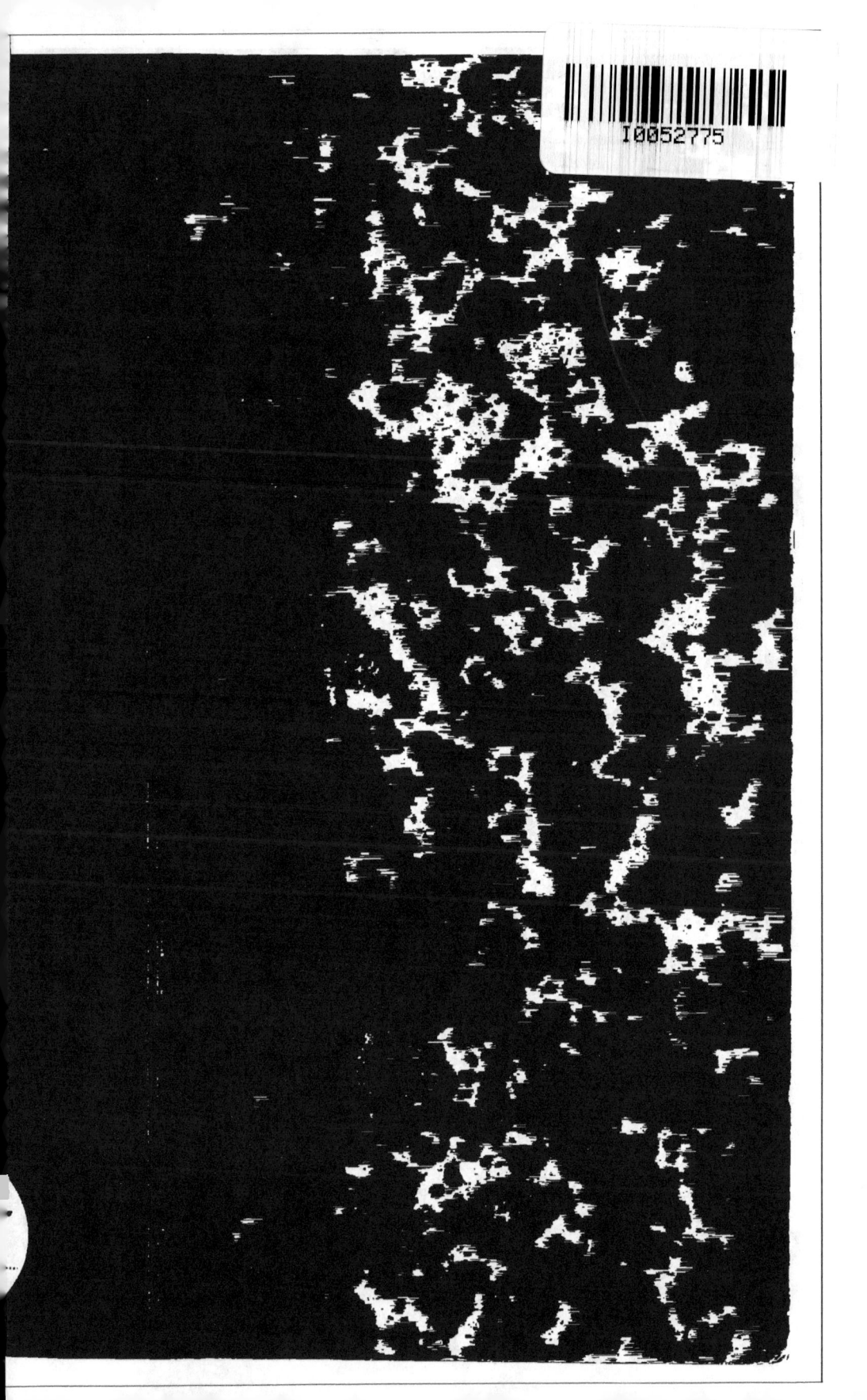

I0052775

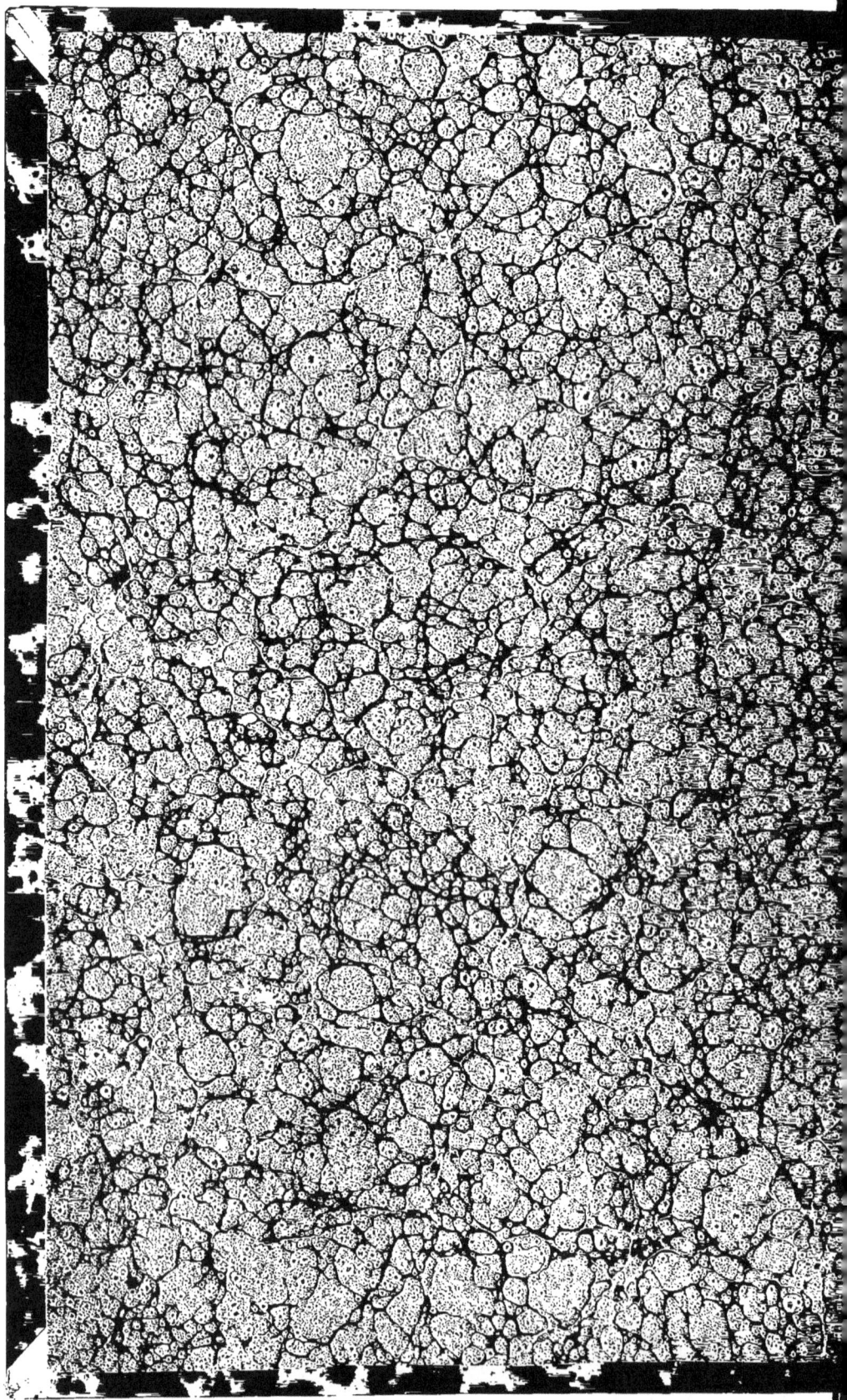

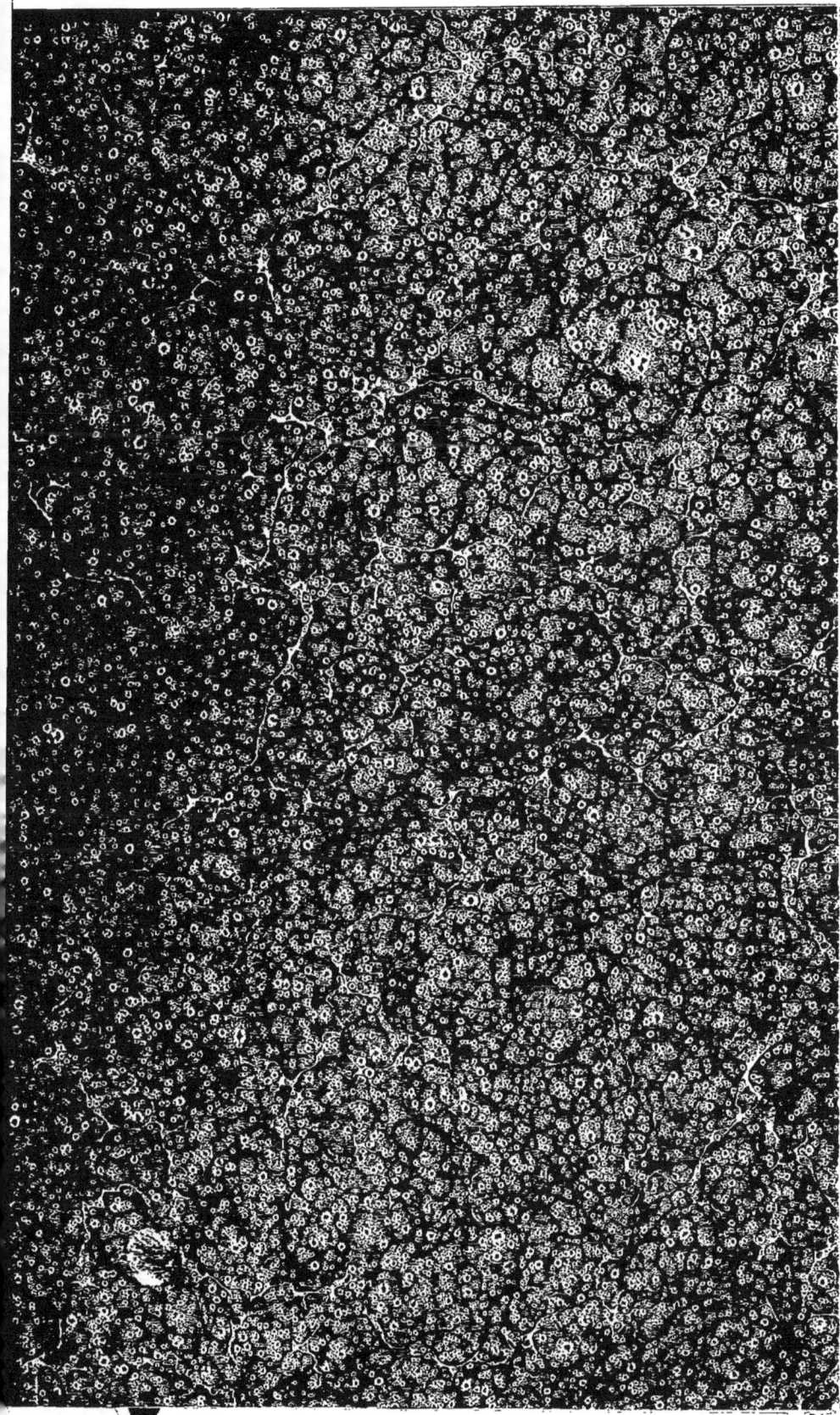

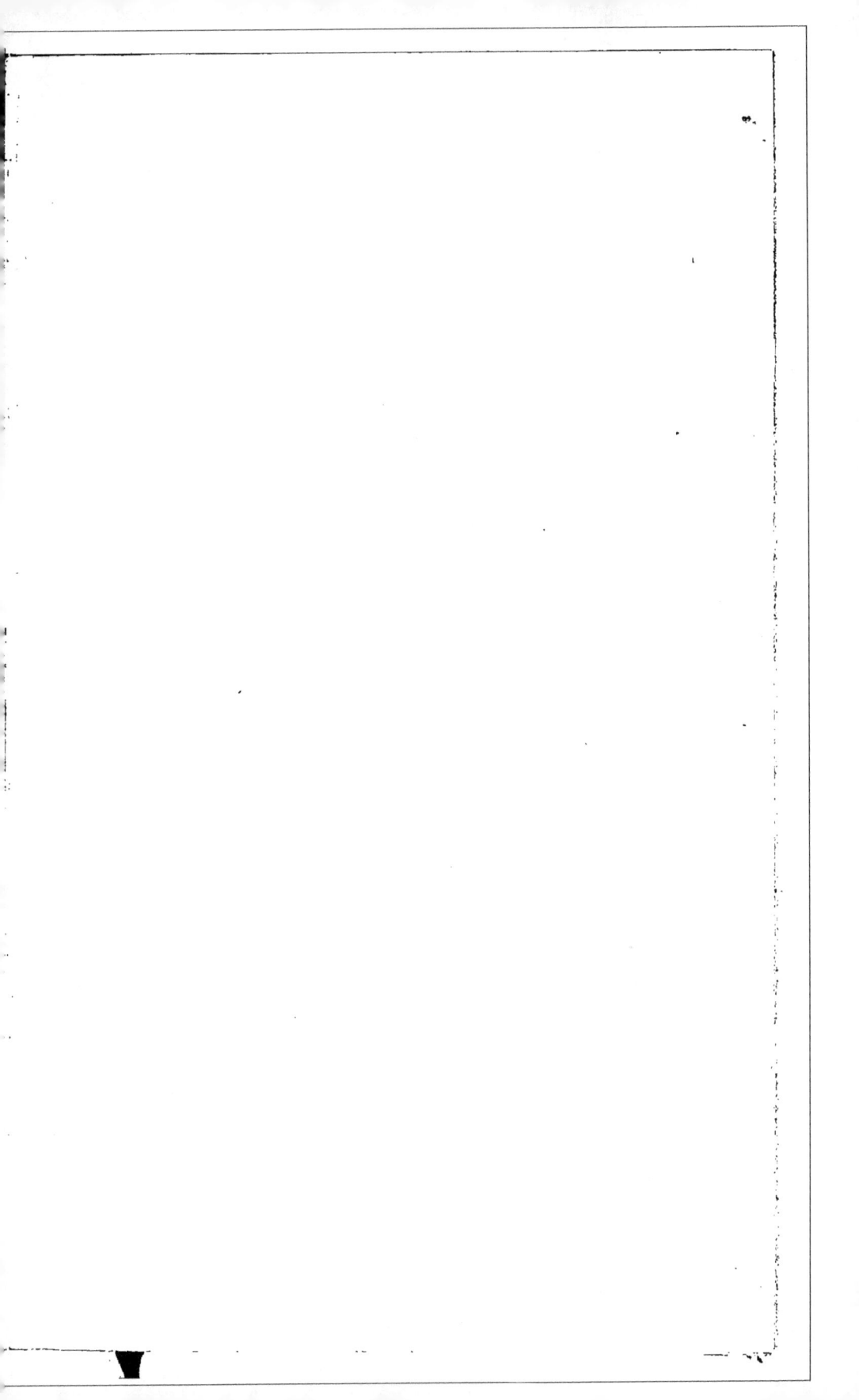

Tb ^{38} 21
A

T-9978.
2.L.

LA CONNEXION DE LA VIE

AVEC LA RESPIRATION,

OU

Recherches expérimentales sur les effets que produisent, sur les animaux vivans, la submersion, la strangulation, et les diverses espèces de gaz nuisibles, avec une définition précise du genre de maladie qui en résulte, sa différence d'avec la mort, et les meilleurs moyens d'y remédier ;

par EDME GOODWYN, D. M. (Londres 1789.)

TRADUIT DE L'ANGLAIS, PAR J. N. HALLÉ.

Arteria animam accipit à pulmonibus. *Cic.*

Prix, broché, 1 l. 5 s. et 1 l. 10 s. franc de port par la poste.

PARIS,

Chez MÉQUIGNON l'aîné, Libraire, rue des Cordeliers, près des Écoles de Chirurgie,

AN VI — 1798.

Cet essai du docteur *Goodwyn* a été inséré dans le Magasin Encyclopédique ; très-peu d'exemplaires en ont été tirés à part, et ont été distribués par l'École de Médecine de Paris.

Beaucoup de personnes ayant desiré se le procurer, le citoyen *Méquignon* l'a fait imprimer du consentement du Traducteur.

LA CONNEXION DE LA VIE

AVEC LA RESPIRATION,

O U.

Recherches expérimentales sur les effets que produisent sur les animaux vivans la submersion, la strangulation, et les diverses espèces de gaz nuisibles, avec une définition précise du genre de maladie qui en résulte, sa différence d'avec la mort, et les meilleurs moyens d'y remédier (1).

L'ESQUISSE de cet essai a été publiée en latin il y a environ deux ans (1787), et plusieurs hommes très-distingués dans l'art l'honorèrent d'une attention particulière.

_____

(1) Ce morceau est tiré du *Magasin Encyclopédique*, ou *Journal des Sciences, des Lettres et des Arts*, tome IV, page 355, pour lequel on souscrit à Paris, rue Saint-Honoré, vis-à-vis le passage Saint-Roch, numéro 94.

Note du traducteur. Mon intention, en traduisant cet ouvrage, avoit été de ne le publier qu'après en avoir répété les expériences, et d'y joindre les remarques que l'observation m'auroit fournies. Les temps n'ont pas été favorables à mon dessein, et d'autres occupations m'en ont ôté le loisir.

Je le desirois d'autant plus que quelques-unes des expériences du docteur Goodwyn présentent des difficultés que le lecteur instruit remarquera aisément.

Néanmoins, j'ai cru que cet ouvrage, peu connu parmi nous, et

Un accueil aussi flatteur de la part des juges les plus éclai-
rés, m'attira une considération à laquelle je n'osois pré-
tendre, m'encouragea à continuer mes travaux, et me
donna l'espoir de les offrir au public sous une forme plus
parfaite.

Nombre de difficultés se sont rencontrées dans la suite

---

dont je dois la communication au docteur *Swediaur*, méritoit d'être
publié, tant à cause de l'importance du sujet, que parce qu'il m'a
paru être un modèle de *logique expérimentale*, c'est-à-dire, de l'art
difficile et rare de bien raisonner d'après l'expérience. Sa marche
est si rigoureusement tracée de principes en conséquences, que si
l'on ne conteste pas les expériences, il est impossible, ce me semble, d'échapper aux conclusions.

Cependant, je crois que l'auteur rejette trop complètement l'influence des moyens stimulans, autres que ceux qui agissent immédiatement sur les organes de la respiration. L'organe nerveux, auquel l'action vitale est essentiellement liée dans les corps des animaux, jouit évidemment de la propriété conauc... ; et un stimulant appliqué à un organe, ne peut-il pas réveiller l'influx nerveux
dans des parties fort distantes de celle qui a reçu l'impression du
stimulant? Alors il suffira quelquefois, dans les morts apparentes,
de diriger l'action stimulante sur un organe dont l'irritabilité soit
connue pour très-persévérante, pour que, par l'effet de la communication, le reste du système, et par conséquent le système pneumatique et celui de la circulation, soient rendus à leurs fonctions.
Ceci auroit besoin de plus de développemens, et sur-tout de l'appui d'expériences précises et faites à dessein; car d'ailleurs on ne
manqueroit pas d'expériences déjà connues pour étayer cette proposition, si l'on vouloit se contenter de raisonnemens problables,
et d'inductions plus ou moins satisfaisantes. Il n'en est pas moins
vrai que, de tous les remèdes, les plus efficaces seront toujours ceux
qui pourront être appliqués immédiatement aux organes mêmes de
la respiration, et par leur moyen à ceux de la circulation; et cependant on auroit tort de négliger les autres moyens stimulans dirigés
sur les organes les plus irritables, et dans lesquels l'action vitale
paroît survivre le plus long-temps aux phénomènes apparens de la
vie.

de ce travail, de nouveaux moyens ont été employés pour les vaincre, et le succès les a souvent couronnés. J'ai cependant encore laissé plusieurs questions irrésolues, quelques faits sans explication. Mais comme ces questions et ces faits sont liés moins immédiatement que le reste au sujet principal, je m'en suis peu inquiété; et quoiqu'il reste encore quelques obscurités dans cette matière, je me flatte que plusieurs des faits dont j'ai constaté la vérité, peuvent devenir d'une grande importance, tant pour la philosophie en général que pour la médecine.

La respiration des animaux a long-temps présenté aux physiologistes un des problêmes les plus difficiles à résoudre. On n'en pouvoit donner aucune solution satisfaisante dans un temps où la chimie étoit peu cultivée. — Quelques faits généraux avoient fixé l'attention des savans, et ils avoient proposé diverses conjectures pour en rendre raison (1); mais tant qu'on est réduit aux conjectures, on ne sort pas du doute et de l'incertitude.

Depuis quelques années la chimie a fait de grands progrès : on a soumis la respiration à diverses expériences avec un succès remarquable. De nouveaux faits ont été découverts, des phénomènes très-singuliers se sont expliqués, beaucoup d'obscurités se sont éclaircies; mais quelques difficultés sont encore restées pour servir comme d'appât à de nouveaux travailleurs.

Dans les recherches dont j'offre aujourd'hui les résultats, j'ai soigneusement examiné les faits décrits par les autres; j'ai entrepris une suite variée d'expériences nou-

---

(1) Isaac Newton imaginoit que l'air atmosphérique communiquoit au sang, dans les poumons, une vapeur acide nécessaire pour entretenir l'activité du cœur. *Optique.*

velles qui paroissent avoir mis hors de doute les principales utilités de la respiration, sa connexion avec les mouvemens du cœur et les autres fonctions de notre corps.

L'état de vie dans les animaux a aussi été en différens temps un sujet de réflexions. Jusqu'à ce que nous fussions bien instruits de ses caractères distinctifs, il nous étoit impossible de tracer la limite entre lui et la mort. Les anciens médecins n'ont pas méconnu cette difficulté ; mais ils n'ont pas cherché à remplir cette lacune de l'art.

Vers le milieu de ce siècle, deux écrivains d'un ordre supérieur (Whytt et Haller) se sont occupés de cette recherche, et s'y sont adonnés pendant long-temps avec un grand zèle ; ils ont montré beaucoup de savoir et de véracité, et ont recueilli des écrits des autres auteurs un grand nombre d'observations importantes : néanmoins leurs résultats ne satisfont point encore, et leurs opinions sont oubliées. Cela ne doit pas étonner ceux qui ont étudié leurs écrits, parce qu'il est généralement reconnu que trop souvent ils s'occupoient de trouver des faits à l'appui de leurs hypothèses, et que quelquefois ils en tiroient des conclusions que l'esprit ne peut y appercevoir.

Depuis ce temps l'étude de ce qui caractérise la vie a été généralement négligée ; toutefois quelques hommes de l'art se sont occupés de trouver le diagnostique de la mort et de la vie dans les signes extérieurs qui se manifestent sur les corps. On a recueilli des observations, et l'on a proposé comme signes distinctifs quelques marques sensibles (1) ; mais d'autres observateurs ont prouvé combien ces marques étoient insuffisantes. Enfin, après

---

(1) Lettre sur l'incertitude des signes de la mort, par M. Louis.
Dissertatio an mortis incerta signa, minùs à chirurgicis quàm aliis experimentis ? Winslow.

beaucoup de recherches et de disputes , on a généralement conclu que le seul signe qui prouve incontestable-
ment la mort , est la putréfaction (1).

Pour éviter toutes ces sources d'erreurs , j'ai tâché de
considérer cet objet d'une autre manière (2) : j'ai pris
le corps vivant dans le cas où tous les signes accessoires
de la vie ont disparu ; j'ai employé tous les moyens extérieurs capables de les rétablir ; j'ai observé avec attention
et le siége et les circonstances dans lesquelles se mani-
feste leur première opération , et les effets qui en résultent immédiatement : c'est par ces moyens que j'ai été
conduit à déterminer les caractères essentiels de la vie ,
et par conséquent le moyen de la distinguer de la mort
proprement dite.

. Ce discernement est d'autant plus précieux , qu'il peut
servir également pour tous les cas où l'état du corps est
le même , quelle qu'en soit la cause ; et que , si l'on y fait
bien attention, l'on pourra toujours déterminer avec certitude, si véritablement une personne est morte ou en vie.
Désormais nous pourrons donc rendre au tombeau le corps
de nos amis , sans attendre le moment où ils pourroient
nous devenir nuisibles par leur présence.

Mais les avantages de cette recherche s'étendent encore
plus loin.

Leur résultat m'a mis en état de déterminer quelle
est vraiment la nature de la maladie produite par la submersion, la suspension, la respiration des gaz nuisibles ;

---

(1) *Dissertation sur l'incertitude des signes de la mort*, par
M. Bruhier.

(2) *Dissertatio inauguralis de vitâ corporis humani*, aut. J. T.
Van der Kemp.

de lui donner une dénomination descriptive, de lui assigner sa place dans l'ordre nosologique ; enfin, de fixer
les moyens les plus efficaces d'y remédier. Beaucoup de
remèdes ont été recommandés à cet effet dans les méthodes publiées par les sociétés des différens pays. On cite
des succès à l'appui de chacune d'elles, et comme les
faits sont revêtus du témoignage des auteurs les plus res-
pectables, tant anciens que modernes, on s'exposeroit au
reproche d'une présomption déplacée, si l'on osoit en
nier la vérité. Mais si l'on parvient à démontrer que les
animaux peuvent être rappelés à la santé sans le concours
de la plupart de ces méthodes, la force de la vérité,
ainsi que le motif puissant de l'utilité publique, nous au-
toriseront du moins à fixer notre choix. Outre cela, si
l'on réfléchit que le préjugé qui nous feroit donner la
préfence à ces remedes, nous peut faire perdre un temps
précieux, et que dans cette maladie perdre du temps,
c'est souvent perdre la vie des malades ; l'intérêt de l'humanité s'élevera pour lors contre la voix du préjugé, et
le respect des autorités disparoîtra devant la recherche
éclairée de la vérité.

Dans tout le cours de ces recherches, je me suis atta-
ché constamment à la méthode *analytique*, commençant
par l'observation des effets, de-là m'élevant à l'étude de
leurs causes particulières, de ces causes particulières
passant aux causes générales, marchant ainsi, aidé du
secours de l'*analogie* et de l'*induction*, jusqu'à ce que je
n'aie pu m'élever plus haut. Alors portant la dernière
conclusion comme principe général, pour expliquer tous
les effets, en suivant une série contraire, je suis redes-
cendu jusqu'aux premiers phénomènes par lesquels j'avois
commencé mon analyse ; j'ai ainsi confirmé celle-ci par
la synthèse, et par ce moyen j'ai donné au résultat géné-

ral toute l'évidence qu'on peut attendre dans un sujet de cette nature.

Pour éviter le danger de l'illusion que causent ou les couleurs de l'imagination, ou l'inexactitude de l'observation, j'ai répété plusieurs fois les mêmes expériences avec soin et attention, et toujours en présence de quelques amis judicieux et instruits. Mais comme le témoignage des sens est souvent insuffisant, que l'observateur le plus scrupuleux peut quelquefois se tromper, je ne m'attends pas, je ne souhaite pas même qu'on adopte mes conclusions avant que d'autres savans aient répété mes expériences ; et si par la suite on me prouve que je me suis trompé en quelque partie de mon travail, je reconnoîtrai mon erreur, et je rétracterai mon assertion. L'intérêt de la vérité et le bien de l'humanité, sont plus importans que la réputation d'un individu ; et, comme l'a très-bien dit M. *Bonnet*, « *un j'ai tort vaut mieux que cent* » *répliques ingénieuses* ».

Londres, 6 mai 1788.

SECTION I.

Constater les effets généraux de la submersion sur les animaux vivans.

Dans ces recherches on se propose de constater les effets généraux de la submersion sur les animaux vivans, et de montrer leur connexion avec l'action de l'eau sur le corps.

On obtiendra le premier de ces objets, en examinant les différentes altérations qui ont lieu dans les animaux vivans, pendant qu'ils sont plongés dans l'eau, et en faisant attention aux apparences qui se manifestent dans les

parties internes quand on les en a retirés. On parvien-
dra au second but en observant la manière dont l'eau
s'applique au corps pendant la submersion, et en suivant
sa manière particulière d'agir dans la production de toutes les altérations qui surviennent pendant ce temps.

Quant à la première partie, j'ai pris une grande cloche
de verre, à travers laquelle je pouvois observer exactement tous les détails de ce qui se passoit dans son intérieur. Je l'ai renversée, je l'ai remplie d'eau, et j'y ai
plongé différentes fois des chats, des chiens, des lapins
et d'autres petits animaux. Je les ai retenus jusqu'à ce
qu'ils parussent morts. Aussi-tôt qu'ils étoient dans la
cloche, j'observois ce qui leur arrivoit; et quand ils ne
donnoient plus aucun signe extérieur de vie, j'ouvrois
la tête, la poitrine, le ventre, et j'examinois leurs parties internes.

Pendant que j'étois livré à ces occupations, on m'ap-
porta en différens temps les corps de trois malheureux
qui avoient été noyés, en me donnant la liberté d'observer les parties internes. J'en fis l'examen avec une grande
attention, et je fis la comparaison de leur état avec ce
que j'avois observé dans ces autres animaux.

Dans ces différentes expériences, j'ai remarqué quelques variétés dans les symptômes extérieurs de la maladie, et dans l'état des parties internes. Mais l'ordre et
la succession des symptômes, et l'état des organes dont
dépend immédiatement la vie, a toujours été conforme à
la description que j'en vais donner.

Quand un animal est plongé dans l'eau, son pouls devient foible et fréquent : il éprouve une gêne dans la poitrine, et fait des efforts pour s'en débarrasser. Dans ces
efforts il s'élève à la surface de l'eau, et une certaine
quantité d'air sort de ses poumons. Après cela la gêne

augmente. Le pouls est encore plus foible, l'animal se débat avec plus de violence encore, et s'élève de nouveau jusqu'à la surface de l'eau ; une plus grande quantité d'air sort de ses poumons, il fait quelques efforts pour respirer. Dans quelques-uns de ces efforts, une certaine quantité d'eau remplit ordinairement sa bouche ; la peau pour lors devient bleue, sur-tout vers la face et les lèvres : le pouls s'arrête peu-à-peu ; les sphincters sont relâchés ; l'animal tombe sans sentiment et sans mouvement.

Si l'on ouvre aussi-tôt le corps, voici ce qu'on y observe.

1°. La surface externe du cerveau est d'une couleur plus obscure que de coutume. Mais ses vaisseaux ne sont point gorgés de sang, et aucuns signes d'extravasation ne se manifestent dans leurs environs.

2°. L'intérieur des poumons contient une grande quantité de fluide écumeux. Les veines et les artères pulmonaires sont pleines d'un sang *noir* dans toute leur étendue.

3°. L'oreillette et le ventricule droits du cœur sont encore susceptibles de se contracter et de se dilater ; le *sinus venosus* et l'oreillette gauche se contractent foiblement ; le ventricule gauche est sans mouvement.

4°. L'oreillette et le ventricule droits sont pleins d'un sang noir, ainsi que le sinus et l'oreillette gauche ; mais le ventricule gauche n'est qu'à moitié rempli d'un sang de même couleur.

5°. Les troncs et les petites divisions des artères qui partent du ventricule gauche, contiennent beaucoup de ce même sang noir.

Dans l'état ancien de la médecine, et avant que l'anatomie fût bien cultivée, plusieurs auteurs pensoient généralement que ces effets étoient produits par l'eau qui pénétroit dans toutes les cavités du corps, et qui brisoit les organes dont dépend immédiatement la vie (1). Mais depuis que la structure du corps a été plus exactement connue, et qu'on a mieux compris l'objet et la connexion mutuelle de ses fonctions, il a paru évident que toutes ces altérations étoient dues à l'effet que l'eau produit sur les poumons, soit *directement*, en s'insinuant dans leurs cavités, soit *indirectement*, en s'opposant à l'entrée de l'air atmosphérique dans ces organes.

Différens auteurs se sont ensuite occupés de découvrir à laquelle de ces deux manières d'agir sont dus les effets que produit l'eau ; et après bien des travaux et des recherches, ils sont restés très-divisés dans leurs opinions ; quelques-uns ont embrassé la première (2), d'autres se sont réunis pour la seconde (3), toutefois les conclusions des uns et des autres ont été déduites, ou d'observations accidentelles, ou d'expériences insuffisantes et mal combinées. Aussi aucune de ces opinions n'a-t-elle été veritablement établie par les efforts de ses partisans ; et cet objet est encore une question douteuse en physiologie ; nous nous efforcerons de la résoudre à l'aide de l'expérience.

------

(1) Galen. l. III. comm. 40. — Paul. d'Æg. l. III, p. m. 97. — Aëtius art. princip. p. 404. — Alex. Bennet, c. III. — Codronchi, de submersis, p. m. 322. — Sennert in praxi, l. II, p. 350.

(2) *Platner*. Cent. quæst. paradox. p. 35. — *Louis*, mémoire sur les noyés, &c. — *De Haen*, *ratio medendi continuata*, tom. I, &c.

(3) *Littre* et *Senac*. Hist. de l'acad. royale des sciences, ann. 1719. — *Haller*, prælect. Boerhaav. tom. II, p. 219. — *Winslow*, experimenta Bruherii. — *Kaaw Boerhaave*, impetum faciens, p. 228, &c.

SECTION II.

Déterminer si c'est directement en s'insinuant dans les poumons , ou indirectement en s'opposant à l'entrée de l'air atmosphérique dans ces organes , que l'eau produit les altérations dont on a parlé.

Si l'eau entre dans les poumons par la submersion , nous devons naturellement l'y retrouver en ouvrant le corps submergé. Mais quand on ouvre un corps dans lequel la respiration a été interceptée par toute autre cause , on trouve souvent aussi un liquide écumeux dans les poumons , semblable à un mélange d'air et d'eau , qui pourroit en imposer à l'observateur.

En conséquence on a imaginé d'ajouter des substances colorantes à l'eau employée dans les expériences de ce genre, afin que , si ce liquide peut réellement s'introduire dans les poumons par la submersion , sa couleur propre puisse le faire distinguer de l'écume pulmonaire : cependant , si le fluide coloré n'entre qu'en très-petite quantité dans les poumons , il se pourroit que la matière colorante fût tellement délayée par son mélange avec le mucus des poumons , qu'elle perdît en grande partie sa teinte distinctive. Pour cette raison , il seroit bon d'employer dans ces expériences les couleurs les plus foncées , comme l'encre bien noire , une dissolution chargée de vitriol bleu , &c.

Exp. I. J'ai rempli d'encre ma cloche de verre ; j'y ai plongé un chien. Aussi-tôt qu'il eût cessé de se débattre , il fut tiré dehors et examiné ; ses poumons contenoient une petite quantité d'écume, et cette écume étoit teinte d'encre.

La même expérience a été répétée sur trois autres chiens, et toujours le fluide contenu dans leurs poumons étoit coloré par l'encre. L'expérience répétée sur trois chats a présenté le même résultat.

Ces expériences prouvent qu'un peu d'encre a passé dans les poumons de ces animaux, d'où l'on peut conclure qu'une certaine quantité d'eau passe communément dans les poumons des animaux noyés. Mais on peut encore croire que c'est par son propre poids seulement que l'eau pénètre dans ces organes, après que l'animal a cessé de se débattre ; et que par conséquent les symptômes qui ont précédé ne sont pas occasionnés par sa présence dans les organes de la respiration.

On peut décider cette question, en mettant d'abord les animaux dans un état semblable à celui qui est occasionné par la submersion ; et en les plongeant ensuite, quand ils ont fini de se débattre, dans un fluide coloré ; car, si dans cet état le fluide pénètre dans les poumons, on peut en conclure que c'est par son propre poids que l'encre y est entrée, et lorsque les efforts pour inspirer sont absolument cessés.

Exp. II. Ayant passé un nœud autour du cou d'un chien, je l'étranglai. Aussi-tôt qu'il eut cessé de se débattre, je plongeai le corps dans l'encre, et je l'y tins pendant quelques minutes. Ayant ensuite examiné les poumons, je n'y ai point trouvé d'encre.

La même expérience a été faite sur deux autres chiens et avec le même succès.

Ceci prouve que ce n'est pas par son propre poids que l'encre pénètre dans les poumons, ni après que les efforts de l'animal pour inspirer ont cessé.

Il faut donc que dans la première expérience l'encre ait pénétré dans le poumon des animaux pendant qu'ils s'efforçoient encore de respirer.

Mais si l'encre est entrée dans les poumons de ces animaux pendant les efforts qu'ils faisoient pour inspirer, cette cause étoit-elle suffisante pour occasionner les dérangemens causés par la submersion ?

Pour résoudre cette question, il faudroit estimer exactement la quantité d'eau qui passe dans les poumons pendant la submersion, et déterminer les changemens que peut produire dans le corps l'introduction de pareille quantité du même fluide.

Si l'encre qui passe dans les poumons pouvoit y rester séparée du mucus pulmonaire, on pourroit évaluer quelle quantité s'y introduit pendant ces expériences, et on s'en assureroit en la faisant ressortir par la trachée. Mais cette encre est si intimement combinée avec le mucus des poumons, au moyen des secousses qu'éprouve la poitrine, qu'on ne peut la voir séparément. Si cependant l'on fait l'expérience avec des liquides qui ne peuvent s'unir au mucus des poumons, ils resteront séparés malgré les secousses de la poitrine, et on pourra les en retirer pour la plus grande partie.

Exp. III. Ayant rempli de mercure une petite cloche de verre, j'y plongeai un chat comme dans les autres expériences. Le corps étant retiré, je trouvai une demi-once (*poids*) de mercure dans la cavité du poumon, et une once (*mesure*) de liquide écumeux rougeâtre.

Trois autres chats furent plongés de même dans le mercure; quand on les eut retirés, on trouva dans les poumons,

Du 1er *Mercure* 3 gros. *Ecume* 6 gros.
Du 2e . . . . . 5 gros. . . . . 1 once.
Du 3e . . . . . *id.* . . . . . . 1 once.

Quatre lapins furent aussi plongés dans le mercure, et après avoir été retirés, on trouva dans les
poumons

Du 1er *Mercure* 2 gros. *Écume* 6 gros.

Du 2e . . . . 1 gros. . . . demi-once.

Dans les deux autres on ne trouva point de mercure.

De tout cela il suit que le volume total du fluide trouvé
dans les poumons des animaux noyés est peu considérable,
et qu'en général il est composé partie du mucus des poumons, partie du fluide qui s'y introduit pendant les efforts
de l'inspiration.

Puis donc que la quantité de fluide qui s'introduit dans
le poumon est si peu considérable, pouvons-nous imagi-
ner qu'elle suffise pour être seule la cause des changemens qui sont le résultat de la submersion ?

Si le mercure seul a produit ces changemens dans la
dernière expérience, on doit obtenir le même effet en
introduisant une pareille quantité de quelque fluide que
ce soit, dans les poumons d'un animal en vie qui ne seroit pas plongé dans l'eau.

On a vu que la plus grande quantité de mercure qui
soit entrée dans les poumons des chats dans les dernières
expériences, étoit de cinq gros : supposons qu'on intro-
duise dans les poumons une quantité de fluide égale à la
totalité du mucus et du mercure ; si ces liquides ont occasionné la mort de l'animal, on doit produire le même
effet en introduisant dans les poumons d'un animal absolument pareil, une pareille quantité d'eau, sans inter-
cepter d'ailleurs sa respiration par aucun autre moyen.

Exp. IV. Je mis un chat dans la situation droite ; je fis
une petite ouverture à la trachée en coupant un de ses
anneaux cartilagineux ; à travers cette ouverture j'introduisis deux onces d'eau dans les poumons. Aussi-tôt

l'animal éprouva une difficulté de respirer, et son pouls devint foible. Mais bientôt ces symptômes se calmèrent; il vécut plusieurs heures, sans souffrir sensiblement; enfin, je l'étranglai, et je trouvai deux onces et demie d'eau dans ses poumons.

J'introduisis de la même façon deux onces d'eau dans les poumons de deux autres chats; ils éprouvèrent un peu plus de difficulté dans la respiration, et leur pouls devint plus foible que dans l'expérience précédente; mais en peu d'heures leurs plaintes cessèrent, je les étranglai, et je trouvai quatre onces d'eau dans leurs poumons.

On peut en conclure que quand même on introduiroit dans les poumons une quantité d'eau plus grande que celle qui y a été trouvée dans ces dernières expériences, cette quantité ne produiroit point encore des effets semblables à ceux qui résultent de la submersion.

Il suit de-là que l'eau qui entre dans les poumons d'un animal qui se noie, n'est point la cause immédiate des changemens qui s'opèrent dans son corps.

De cette suite d'expériences résultent les conséquences suivantes.

1°. Ordinairement il passe dans les poumons des noyés une petite quantité d'eau.

2°. Cette eau s'introduit pendant les efforts que l'animal fait pour inspirer, et c'est elle qui, se mêlant au mucus pulmonaire, produit l'écume observée par les auteurs.

3°. La totalité du fluide qui se trouve contenu dans les poumons ne suffit pas pour occasionner tous les changemens qui suivent la submersion.

De-là il suit que *c'est indirectement et en interceptant le passage de l'air atmosphérique dans les poumons, que*

B

l'eau devient la cause des changemens que la submersion
produit dans les noyés.

Pour déterminer la nature des changemens qui résultent de l'interception de l'air, il faut rechercher l'effet
particulier que l'air produit dans les poumons pendant la
respiration, et la liaison de cet effet avec les différentes
fonctions du corps; et quand on aura bien déterminé cet
objet, on n'aura pas de peine à trouver quels sont les
changemens qui suivent la privation d'air.

Le premier et le plus simple des effets que la respiration produit dans les poumons, est un changement dans
le volume d'air que contiennent ces organes. Il en résulte une dilatation proportionnelle de leurs cellules, et
par conséquent une disposition différente des vaisseaux
qui sont distribués dans leur substance.

Nous allons examiner ces changemens, et déterminer
leur connexion avec les autres fonctions de notre corps.

SECTION III.

Déterminer l'effet mécanique de l'air sur les poumons pendant la respiration.

Pour parvenir au but qui fait l'objet de cette section,
il faut d'abord déterminer les différentes quantités d'air
que consomment l'inspiration et l'expiration, et la dilatation respective des poumons dans ces deux états. Alors
nous tâcherons de déterminer les effets de ces différens
degrés de dilatation sur les vaisseaux pulmonaires et
sur le cours du sang qui circule dans ces vaisseaux.

Divers auteurs ont essayé de mesurer l'air reçu par les
poumons dans une inspiration; ils en ont déduit une esti-

mation de la dilatation proportionnelle des poumons tant dans l'inspiration que dans l'expiration (1). Ces évaluations ont été en général adoptées par un célèbre physiologiste, qui en a déduit plusieurs conséquences, pour expliquer diverses maladies immédiatement liées à ces changemens mécaniques (2). Mais les moyens employés pour parvenir à ces estimations ont été, ce me semble, insuffisans, et leurs conséquences sont contredites par plusieurs des phénomènes les plus ordinaires de l'économie animale. Nous allons donc essayer de répéter ces tentatives, et d'en tirer des résultats conformes à l'expérience.

D'abord nous essaierons de mesurer la quantité d'air qui reste dans les poumons après une expiration complète.

Comme tout animal fait en général une expiration complète avant de mourir, il en faut conclure que les poumons d'un corps mort sont dans un état absolu d'expiration. Si donc nous mesurons la quantité d'air que contiennent les poumons d'un cadavre, nous aurons précisément la quantité moyenne de l'air restant après une expiration complète. On sait généralement que les poumons dans l'état d'intégrité sont toujours contigus aux parties contenantes de la poitrine, et que, le diaphragme excepté, toutes ces parties contenantes sont fixes et immobiles après la mort. Si donc nous parvenons à fixer le diaphragme d'un cadavre, et que nous fassions aux parties externes une ouverture qui pénètre dans la ca-

---

(1) *Borelli*, de mot. anim.... l. II. — *Jurin*, diss. IV, l. IV. — *Hales*, veget. statics, vol. II. — *Sauvages*, de respiratione difficili. — *Bernoulli*, dissert. de respiratione.

(2) *Haller*, element. physiol.

2

vité de la poitrine, l'air atmosphérique entrera par son poids dans cette ouverture, et agissant sur la surface des poumons, les forcera de s'affaisser et de chasser l'air qu'ils contiennent. Alors la portion vide de la cavité de la poitrine que les poumons occupoient avant l'expérience, sera la mesure du volume d'air qui sera sorti de leur intérieur. Si donc nous remplissons ce vide avec de l'eau, cette eau nous donnera le volume d'air que les poumons conservent après l'expiration.

Exp. I. M'étant procuré un cadavre de grandeur ordinaire, j'appliquai une compresse sur la partie supérieure de l'abdomen, que je maintins fort serrée pour contenir le diaphragme dans sa situation : je fis alors sur la partie la plus élevée de la poitrine une légère ouverture, qui pénétroit de chaque côté dans la cavité du thorax. Aussi-tôt les poumons s'affaissèrent, et conséquemment l'air qu'ils contenoient fut chassé au-dehors. Sur-le-champ j'introduisis, par les ouvertures, de l'eau, et j'en versai jusqu'à ce que les cavités fussent remplies. Elles en reçurent un volume égal à 272 pouces cubes.

Ainsi, les poumons de ce corps, supposé pris dans l'état d'une expiration complète, contenoient 272 pouces cubes d'air.

La même expérience fut répétée sur deux autres cadavres, dans des circonstances à-peu-près semblables. Les poumons de l'un d'eux se trouvèrent contenir, dans l'état d'expiration supposée complète, 250 pouces cubes d'air, ceux de l'autre en contenoient 262.

Ces corps étoient morts par le supplice de la corde, et je n'avois pas pensé que ce pût être une source d'objections contre mon expérience ; mais depuis il m'est venu dans l'esprit que leurs poumons pouvoient n'être

pas dans un état complet d'expiration ; que les personnes frappées de crainte faisoient souvent une profonde
inspiration, qui pouvoit avoir eu lieu avant que la corde
eût été passée autour du cou, et que le nœud pouvoit
avoir été assez promptement serré pour les empêcher
d'expirer l'air avant cette opération.

En conséquence, j'ai répété l'expérience sur divers
sujets adultes, morts naturellement. Dans quelques-uns
les poumons adhéroient aux deux côtés de la poitrine, et
ne s'affaissoient pas complètement à l'ouverture du thorax ; mais dans quatre d'entr'eux les poumons parurent
s'affaisser très-bien, et voici les résultats que j'en ai obtenus :

Les poumons du premier contenoient   120 p. cub.
Du second   102
Du troisième   90
Du quatrième   125

Ces expériences suffisent pour prouver que les poumons contiennent une quantité considérable d'air, même
après une expiration complète ; mais cette quantité varie
nécessairement dans les différens sujets, à proportion de
la différente capacité du thorax, et il est bien difficile de
prendre un terme moyen. Néanmoins, pour ne pas perdre
la suite de ces recherches, je prendrai, pour le moment,
le moyen terme de ces dernières expériences, et je suppose que les poumons d'un homme contiennent 109 pouces cubiques d'air après une expiration complète.

Occupons-nous maintenant de mesurer la quantité d'air
qui entre dans les poumons dans une inspiration ordinaire.

On peut y parvenir en inspirant dans un vaisseau
garni seulement de deux ouvertures en forme de tube,
l'une desquelles doit être mise dans la bouche, l'autre

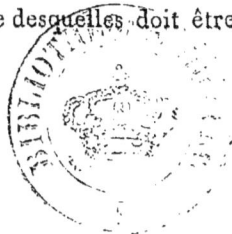

plongée dans l'eau. Dans cette disposition de l'appareil,
si nous inspirons l'air de ce vaisseau, il doit y entrer
un volume d'eau égal à celui de l'air inspiré.

Sur ce principe, j'ai imaginé la machine A, B, C, D, E.
Le vaisseau D contient quelques centaines de pouces cubiques d'air. Ce vaisseau, que je nomme pour le distinguer, *vaisseau pneumatique*, est suspendu au fléau d'une
balance A, B, et mis en équilibre avec le plateau C. Le
tube *a, b, c*, est plongé dans l'eau, contenue dans le vaisseau G. Si quelqu'un inspire par le tube E, il doit entrer
par le tube *a, b, c*, un volume d'eau égal au volume
d'air inspiré par le tube E. Le plateau C servira à déterminer le poids de l'eau entré dans le *vaisseau pneumatique*, et par le calcul on aura le nombre de pouces cubes d'eau introduits dans la machine par chaque inspiration; le nombre de pouces d'eau donnera le nombre
de pouces cubiques d'air.

Exp. II. Une personne adulte, de grandeur ordinaire,
inspira deux fois l'air contenu dans la machine; ayant
soin d'imiter, autant qu'il est possible, l'effet d'une inspiration ordinaire.

A la première fois elle inspire . 3 pouces cubes d'air.
A la seconde . . . . $2\frac{1}{2}$ p. c.

Une autre personne de la même stature à-peu-près,
inspira aussi deux fois.

A la première fois . . . . $3\frac{1}{2}$ p. c. d'air.
A la seconde . . . . $2\frac{3}{4}$.

Dans ces expériences, il y a une différence sensible
entre le volume d'air attiré dans les poumons à chaque
inspiration. Nous soupçonnâmes que l'attention de l'esprit, déterminée par cette nouvelle manière de respirer,
pouvoit y avoir quelque part. Pour écarter cette source

d'erreurs, autant qu'il est possible, nous décidâmes que la même personne inspireroit régulièrement l'air du *vaisseau pneumatique* pendant une minute ou deux, et expireroit alternativement dans l'atmosphère ; que nous aurions soin de compter le nombre d'inspirations, et que nous mesurerions l'eau qui, pendant tout ce temps, auroit passé dans le vaisseau, pour en déduire la proportion appartenante à chaque inspiration.

Exp. III. Les deux personnes employées dans la dernière expérience, inspirèrent encore l'air du vaisseau pneumatique, trente fois successives de la manière que je viens d'indiquer. La proportion d'air employée dans chaque inspiration,

Par la 1re personne, se trouva de $2\frac{3}{4}$ p. cub.

Par la deuxième. . . . . $3\frac{1}{6}$.

Il paroît donc que la quantité d'air reçue dans les poumons à chaque inspiration, est très-peu considérable, comparée à la quantité qu'ils en contiennent encore après une expiration complète. Cette différence extraordinaire excita la surprise de plusieurs amis judicieux, qui me témoignèrent la crainte qu'ils avoient que je ne me fusse trompé. C'est pourquoi je répétai encore la seconde expérience avec plus d'attention et sur un plus grand nombre de sujets différens. Dans tous la proportion trouvée pour chaque inspiration, approchoit beaucoup de celle que je viens de donner. Mais dans cette troisième épreuve, j'observai que la poitrine éprouvoit de la gêne, avant que le nombre d'inspirations fixé fût achevé ; et lorsque la bouche quittoit le tube, je remarquois qu'il étoit nécessaire de faire une profonde inspiration. Ces deux circonstances sembloient prouver que la quantité d'air que les poumons tiroient de la machine, n'étoit pas suffisante pour entretenir la respiration ; et il falloit attribuer cette insuffisance à quelques circonstances particulières de l'expérience.

Dans toutes ces tentatives nous n'avions fait attention qu'à l'effort que font les organes de la respiration, quand ils tirent de l'atmosphère environnante la quantité d'air qu'ils emploient communément. Nous avions regardé la proportion de cet effort comme la mesure d'une inspiration ordinaire (1), et notre soin avoit été de l'imiter parfaitement, en inspirant l'air de la machine. Mais nous avons trouvé que cela ne suffisoit pas, parce que l'eau, pour monter dans le vaisseau, doit s'élever contre son propre poids : or, pour surmonter ce surcroît de résistance, il faut que l'effort, pour inspirer dans la machine, surpasse d'autant celui que nous faisons pour respirer dans l'atmosphère, et c'est là qu'étoit la source de notre méprise.

Puis donc que l'effort que nous faisons dans l'atmosphère ne suffit pas pour compléter une inspiration ordinaire dans la machine, il faut avoir recours à la sensation des poumons. Si nous inspirons à plusieurs reprises successives l'air contenu dans le vaisseau pneumatique, comme dans la dernière expérience, et que nous prenions chaque fois assez d'air pour n'éprouver aucun sentiment de gêne dans la poitrine pendant ces inspirations, et aucun besoin d'en respirer davantage après nous être retirés, nous pouvons conclure que nos poumons ont

---

(1) Chacun sait qu'il y a une différence considérable entre la quantité d'air que reçoivent les poumons dans une inspiration ordinaire et dans une profonde inspiration. Si quelqu'un fait une expiration entière, et qu'ensuite il inspire autant qu'il est possible, il attirera souvent dans ses poumons plus de 200 pouces cubiques à chaque fois.

reçu, à chaque inspiration, autant d'air qu'il est nécessaire pour remplir le but de la respiration.

Exp. IV. Trois personnes, de grandeur ordinaire, firent
trente inspirations de suite dans le vaisseau pneumatique,
et prirent à chaque fois autant d'air qu'il leur a paru nécessaire , en en jugeant par la sensation qu'ils éprou-
voient dans la poitrine. La proportion de l'air reçu dans
les poumons à chaque inspiration, fut :

Pour le premier. . . . . 12 p. cub.
Pour le second. 14
Pour le troisième. 11

Ceci nous montre que la quantité d'air nécessaire pour
chaque inspiration, est plus forte que ne paroissoit l'an-
noncer l'expérience précédente ; mais aussi cette quantité varie beaucoup dans les différentes personnes, et il
est aussi difficile d'établir un terme moyen pour l'inspiration que pour l'expiration. Cependant, nous pren-
drons pour moyenne la quantité de 12 pouces cubes.

Mais l'air qui passe du vaisseau pneumatique dans les
poumons, passe d'une température froide à une température plus chaude. Il doit donc subir un certain degré
d'expansion en entrant dans les poumons, et par conséquent y occuper plus d'espace. On mesurera ce degré
d'expansion en enfermant une quantité donnée d'air dans
un récipient de verre, disposé de manière à indiquer
à-la-fois le degré de température que l'air y prend, et
l'expansion proportionnelle qu'il y éprouve.

Exp. V. Je me munis d'un récipient de verre cylin-
drique, avec un thermomètre suspendu au milieu. Je
mesurai la quantité d'eau que pouvoit contenir ce récipient, et j'en divisai la capacité en plusieurs centaines
de degrés ou parties distinguées par autant de marques
gravées en dehors. Je le renversai dans l'eau, et j'y intro-

duisis cent parties d'air à la température de 69 de *Fahren-heith* (16 $\frac{4}{9}$ de Réaumur); je l'échauffai par degrés au moyen de l'eau chaude, jusqu'à ce que le thermomètre montât au-dedans à 98 d. (29 $\frac{1}{3}$); le volume total s'accrut d'un sixième. L'expérience répétée plusieurs fois a présenté toujours à-peu-près le même degré d'expansion.

Si donc nous évaluons l'air de chaque inspiration à 12 pouces cubiques, ils deviendront 14 pouces quand ils seront dans les poumons. Ainsi l'air contenu dans les poumons, s'accroît à chaque inspiration de 14 pouces cubiques. Mais le volume d'air contenu dans les poumons avant l'inspiration étoit de 109 pouces cubiques; il est donc après l'inspiration de 123, et la distension des poumons change dans cette proportion; ainsi leurs dilatations avant et après l'inspiration, sont entr'elles comme 109 et 123 (1).

Nous allons rechercher quels sont les effets de ces différens degrés de dilatations sur les vaisseaux pulmonaires et sur le cours du sang qui circule dans ces vaisseaux.

Haller assure que les vaisseaux pulmonaires sont fort changés dans les différens temps de la respiration; qu'ils sont considérablement alongés dans l'inspiration, et que leurs angles et leurs diamètres se disposent de la ma-

---

(1) C'est-à-dire, comme (*) 4,7769 à 4,9732. La différence en est seulement de ,1963; ce qui ne va pas même à deux dixièmes de pouce. *Note de l'Auteur.*

(*) Ces nombres sont les racines cubiques de 109 et de 123, et représentent, par conséquent, la dilatation que doit éprouver la fibre pulmonaire par l'introduction des 14 pouces cubiques d'air. Le texte auroit donc dû porter : *ainsi leurs dilatations avant et après l'inspiration, sont entr'elles comme* $\sqrt[3]{109}$ *et* $\sqrt[3]{123}$. (*Note du Traducteur.*)

nière la plus favorable à la circulation du sang : qu'au contraire, ils sont fort raccourcis dans l'expiration, et qu'alors leurs angles et leurs diamètres éprouvent de tels changemens que le passage du sang en est entièrement intercepté.

« *In inspiratione*, dit Haller, *pulmo qui nunquam pleu-*
» *ram deserit, per eosdem passus quibus pectus dilatatur, et*
» *ipse in utraque diametro latior nunc fit et in spatium majus*
» *sed sui simile augetur. Id augmentum variè estimatum est,*
» *quintuplo per inspirationem pulmonem ampliorem fieri*
» Clariss. Sauvages *conjecit, et inde decuplo* ».

« *Vasa ergo sanguinea omnis generis cum adtensis bron-*
» *chiis necessario extenduntur, et flexiones alternæ in quas*
» *ea vasa in seipsa retracta in statu pulmonis minimo se re-*
» *ceperant, eæ nunc in rectitudinem exporriguntur. — Porro*
» *quæ sibi incumbebant proxima, ea a mutuo contactu disce-*
» *dunt, et anguli inter divisiones vasorum majores fiunt, spa-*
» *tiaque adeo vicinis vasis interponuntur. — Hinc in inspira-*
» *tione summa facilitas nascitur sanguini de corde dextro*
» *exeunti. — In expiratione verò pulmo undique urgetur et*
» *in multò minorem molem comprimitur : vasa ergò sangui-*
» *nea breviora quidem fiunt cum retractis bronchiis, eademque*
» *angustiora nunc sunt, siquidem pectus secundum tres suas*
» *dimensiones arctatur. — Sanguis ergò quidem in pulmo-*
» *nes undique comprimitur, et venosus æqua vi pressus par-*
» *tim versus arteriosum quidem reprimitur, eumque moratur*
» *aliquantum ; partim versus cor sinistrum promovetur.*
» *— Quare in expiratione quam ponimus stabilem superesse,*
» *pulmonis pro sanguine immeabilitas oritur, quam neque*
» *absque palpitatione et vitioso conatu, demum omnino ullis*
» *suis viribus cor vincere queat* ». L. VIII, Sect. 4.

D'après nos expériences, il paroît que la différence entre les deux temps de la respiration est beaucoup moindre

que ne l'a fait *Haller*. On doit en dire autant des change‑
mens qu'éprouvent les vaisseaux pulmonaires ; consé‑
quemment les conclusions qu'il en déduit relativement à
la circulation du sang dans les poumons , sont nécessaire‑
ment fausses.

Si nous supposons les poumons renfermant la quantité
moyenne d'air qu'ils contiennent dans l'état d'expiration
(c'est-à-dire 109 pouces cubes), et que nous supposions
encore qu'ils en reçoivent quatorze de plus, leur dilatation
augmentera, mais uniformément et dans la seule proportion
de 109 à 123 : les vaisseaux pulmonaires s'étendront aussi
uniformément, et dans tous les sens (1), et dans la même
proportion. Puis donc qu'il ne se fait d'autre changement
dans les vaisseaux pulmonaires que celui d'une extension
plus grande , et que cette différence est elle‑même si peu
considérable, le changement de leurs diamètres doit pa‑
reillement être fort petit ; et si dans un des états du pou‑
mon le sang circule bien dans leurs cavités , il doit aussi
fort bien circuler dans l'autre ; et par conséquent le sang
circule dans les vaisseaux pulmonaires dans tous les temps
de la respiration naturelle.

Nonobstant cela, on pourroit croire encore que le sang
pulmonaire ne circule pas avec une égale liberté dans tous
les périodes de la respiration ; que dans l'état d'expira‑
tion son cours doit éprouver assez de retard pour occa‑
sionner une surcharge dans les vaisseaux de la partie
droite du cœur; que cette surcharge est suffisante pour
interrompre ou suspendre les autres fonctions. Si cela
est , le même effet doit avoir lieu en introduisant dans la

(1) Supposer avec Haller que les angles de ces vaisseaux sont
changés, quoique la forme des poumons ne le soit point , c'est aller
contre un des principes fondamentaux de la géométrie.

cavité du thorax une quantité de quelque fluide que ce soit, capable de comprimer les poumons et d'en exprimer assez d'air pour réduire leur volume au-dessous de ce qu'il est dans l'expiration ordinaire. C'est ce qui arrive souvent dans le corps humain, par l'effet des maladies ; une quantité de liquide aqueux se filtre dans la cavité de la poitrine entre les parties contenantes et le poumon; il occupe un espace considérable, il réduit le volume des poumons bien au-dessous de ce qu'il est dans l'état d'expiration, et cependant les fonctions ne sont point encore suspendues. Différens auteurs rapportent maints exemples de cette maladie où le fluide épanché a été plusieurs fois évacué pendant la vie du malade, et on lit dans les mémoires de l'académie de chirurgie une observation dans laquelle l'auteur exprime son étonnement que le sang pût circuler dans le poumon, tandis que le thorax renfermoit une telle quantité de liquide.

« Après le détail des symptômes ordinaires, dit l'au-
» teur, les chirurgiens prononcèrent que c'étoit un hy-
» drothorax, et se décidèrent à l'opération.

» Le malade étoit donc assis dans son lit, le corps pen-
» ché en avant et soutenu par plusieurs assistans ; je lui
» fis la ponction avec un trocart ordinaire ; le poinçon
» étant tiré, l'eau sortit par la canule à plein jet, et par
» des secousses qui répondoient aux mouvemens de la
» respiration : il en sortit près de six pintes (1) de fluide.
» Bientôt après, son pouls se ranimoit. — Sept jours
» après, l'accumulation se faisoit encore, et je tirai par
» la même opération encore cinq pintes.

» Dans ces cas, le poumon fort écarté des parois de la

(1) Mesure de France, c'est-à-dire, 288 pouces cubes.

» poitrine , doit être pelotonné vers le centre , et réduit
» à un fort petit volume , et ses vésicules très-rétrécies.
» C'est assez pour expliquer la difficulté de la respi-
» ration.

    » J'ai observé que toutes les fois qu'on insinuoit la sonde
» de poitrine dans la capacité , on l'introduisoit à la lon-
» gueur de quatre ou cinq pouces sans toucher ni ren-
» contrer aucune partie intérieure ; et c'est une chose qui
» m'étonnoit toujours ». Tome II , page 546.

    J'ai souvent fait une expérience semblable sur quelques
chiens , en leur donnant un hydrothorax artificiel. Je
pratiquois une ouverture oblique entre les fibres des
muscles intercostaux ; j'introduisois par-là dans la poitrine une quantité d'eau suffisante pour remplir le tiers
de toute sa capacité : je fermois ensuite l'orifice de l'ouverture. Toutes les fois j'occasionnois une grande difficulté de respirer , mais rien de plus.

    Dans ces exemples , le volume des poumons devoit être
fort diminué , et la quantité d'air la plus grande qu'ils pus-
sent contenir étoit beaucoup moindre que celle qu'ils
contiennent en pleine santé dans l'état d'expiration ; et
cependant il circuloit encore assez de sang dans les vaisseaux pulmonaires pour tenir en activité le ventricule
gauche du cœur et maintenir les autres fonctions du
corps.

    Si donc le sang circule à travers les vaisseaux pulmo-
naires avec ce degré de liberté , quand le volume des
poumons est si fort diminué , il doit assurément y circuler avec une égale facilité dans l'état d'expiration , quand
leur volume est beaucoup plus considérable encore. Il
faut donc conclure que dans l'état d'expiration , le sang
circule assez librement dans les poumons pour le main-
tien de la santé.

De toutes ces expériences nous tirerons les conséquences suivantes.

1°. Les poumons contiennent encore 109 pouces cubes d'air après une expiration complète : et dans l'inspiration cette quantité n'est augmentée que de 14 pouces.

2°. La dilatation des poumons après l'expiration, est à leur dilatation après l'inspiration comme 109 à 123.

3°. Le sang circule à travers les vaisseaux pulmonaires dans tous les périodes de la respiration naturelle.

4°. La circulation après l'expiration y est suffisamment libre pour conserver la santé et l'intégrité du système général des fonctions.

Par conséquent, *la dilatation des poumons n'est pas le but ou la cause finale de la respiration.*

Un autre effet de la respiration dans les poumons, est une altération dans les qualités chimiques de l'air qu'ils contiennent. Nous allons rechercher la nature de ces changemens et leur liaison avec les autres fonctions du corps.

SECTION IV.

Déterminer l'action chimique de l'air sur les poumons dans la respiration.

Des philosophes du premier ordre ont long-temps soupçonné (1) que l'air que nous respirons éprouvoit quelques changemens chimiques dans l'intérieur des poumons. En différens temps, différens écrivains ont proposé leurs conjectures à ce sujet ; mais les esprits les plus pénétrans n'ont pu rien établir de satisfaisant, jusqu'au

------

(1) Aristote, Isaac Newton, etc.

temps où la chimie est véritablement devenue une science. Dès-lors, les nuages des hypothèses ont été écartés, et ont laissé percer les rayons de la vérité. Nous n'entrerons point dans le détail de ces conjectures, ni des découvertes successives qui ont quelque rapport avec la matière que nous traitons. Nous préférons de donner une connoissance des parties constituantes de l'atmosphère telles que nous les connoissons actuellement, et de re hercher enfin quels changemens elles éprouvent dans la respiration.

Quand l'air atmosphérique est soumis aux épreuves chimiques, on trouve qu'il est composé d'air phlogistiqué (*gaz azote*), d'air déphlogistiqué (*gaz oxygène* ou *air vital*), et d'air fixe (*gaz acide carbonique*). Si une quantité donnée d'air atmosphérique (supposons-la égale à 100) est ainsi analysée, on y trouve en général les deux tiers d'air phlogistiqué (ou *gaz azote*), un tiers d'air déphlogistiqué (*gaz oxigène*), et une très-petite proportion d'aix fixe (*gaz acide carbonique*) ; mais ces proportions varient en général, et quelquefois on ne trouve aucune proportion d'air fixe (de *gaz acide carbonique*).

Si cent parties d'air atmosphérique inspirées, sont ensuite expirées dans un récipient, on trouve qu'elles ont éprouvé un changement de proportions dans leurs parties constitutives. La quantité d'air déphlogistiqué (*gaz oxygène*) est diminuée. La quantité d'air fixe (*gaz acide carbonique*) est augmentée. L'air phlogistiqué ('*le gaz azote*) reste dans les mêmes proportions.

Un célèbre chimiste (1) a proposé de déterminer quels changemens chaque respiration (2) apportoit dans la proportion de ces gaz ; mais les résultats de ces expériences

_____

(1) M. Lavoisier.
(2) C'est-à-dire une inspiration et une expiration.

sont sujets à quelques variations, dépendantes de l'état du corps et de la durée de chaque respiration. Malgré ces difficultés, j'ai fait sur moi-même quelques épreuves pour parvenir à une mesure quelconque; et quoiqu'il y ait toujours eu quelque différence dans les résultats, cette différence se réduit à très-peu de chose sur une quantité d'expériences fréquemment répétées.

1°. J'ai déterminé la proportion des gaz dans 12 pouces cubiques d'air atmosphérique. Alors j'ai inspiré un égal volume du même air, que j'ai expiré dans un récipient de verre, et j'ai analysé le tout. J'ai répété cette épreuve à plusieurs reprises, et la moyenne s'est trouvée ainsi qu'il suit :

Le volume d'air attiré dans les poumons, à chaque inspiration, contenoit :		Le volume d'air rejeté des poumons, dans l'expiration suivante, contenoit (1) :	
Air phlogistiqué (*gaz azote*).	80	Air phlogistiqué (*gaz azote*).	80
Air déphlogistiqué (*gaz oxygène*).	18	Air déphlogistiqué (*gaz oxygène*).	5
Air fixe (*gaz acide carbonique*).	2	Air fixe (*gaz acide carbonique*).	13
	100		98

Il paroît par-là que la diminution de l'air déphlogistiqué (*gaz oxygène*), et l'augmentation de l'air fixe (*gaz*

---

(1) Dans toutes ces tentatives je m'étudiois à imiter l'expiration naturelle, mais le volume d'air chassé des poumons n'étoit jamais égal à l'air inspiré. La diminution étoit quelquefois $\frac{1}{50}$, d'autres fois $\frac{1}{60}$. Il y a long-temps que *Boyle* et *Musschembroeck* avoient observé la même chose.

6

acide carbonique) sont toujours considérables dans chaque respiration.

Maintenant voyons si cette diminution de l'un, et cette augmentation de l'autre de ces gaz est constante et uniforme dans le même volume d'air respiré plusieurs fois, et commençons par l'air déphlogistiqué (*gaz oxygène*).

On peut parvenir à cette connoissance en respirant plusieurs fois une certaine quantité d'air renfermé dans un récipient de verre renversé sur l'eau, et mêlant une petite portion de cet air après chaque expiration avec une égale quantité d'air nitreux (*gaz nitreux*) dans l'eudiomètre de *Fontana*. La quantité d'air déphlogistiqué (*gaz oxigène*) sera indiquée par la diminution du volume total dans l'eudiomètre.

J'ai fait passer 12 pouces cubiques d'air atmosphérique dans un récipient de verre renversé sur l'eau. J'en ai mis une mesure dans l'eudiomètre, elle tenoit l'espace de 100 parties. J'y mêlai autant d'air nitreux (*gaz nitreux*); et le volume total de 200 parties fut réduit à . . . 144.

J'inspirai tout l'air du récipient, et je l'expirai dans l'espace de temps ordinaire. Alors, une mesure mise à l'épreuve dans l'eudiomètre, les 200 parties ont été réduites à . . 158.

Après une seconde expiration, à . . . . . . 163.

Après une troisième, à . . . . 167.

Après une quatrième, à . . . . 170.

Après une cinquième à . . . . 171.

Nous pouvons également déterminer si l'augmentation d'air fixe (*gaz acide carbonique*) est constante et uniforme dans plusieurs respirations successives ; nous y parviendrons en respirant de même un volume d'air donné et renfermé dans un récipient de verre renversé sur l'eau ; et en en faisant passer à chaque fois une petite quantité dans l'eau de chaux. Mais cette opération donne beaucoup de peine et demande une grande attention. Puisque nous connoissons la quantité d'air fixe (*gaz acide carbonique*) que produit une expiration , nous déterminerons aisément si cette quantité s'accroît par les suivantes , en respirant plusieurs fois le même air , et le soumettant après la dernière fois à l'épreuve de l'eau de chaux. Alors nous comparerons la quantité totale produite par plusieurs respirations successives , avec celle qui est le produit d'une seule.

J'ai enfermé 12 pouces cubiques d'air dans un récipient renversé; et à l'aide d'un tube de verre , je les ai respirés six fois de suite. Après la sixième , j'ai éprouvé cet air à l'eau de chaux, et j'ai trouvé qu'il contenoit 15 parties d'air fixe (*gaz acide carbonique*).

Ainsi, la diminution de l'air déphlogistiqué (*gaz oxygène*) et l'augmentation de l'air fixe (*gaz acide carbonique*), sont vraiment constantes et progressives dans une même quantité d'air respiré plusieurs fois. Mais les changemens qui résultent des respirations successives ne répondent pas à ceux que produit la première. Néanmoins, puisque ces changemens sont constans et uniformes , ils doivent correspondre avec des changemens également constans et uniformes dans l'intérieur des poumons; or, il n'y a dans ces organes qu'une substance dans laquelle nous puissions trouver les traces de ces changemens , c'est le sang qui circule dans les vaisseaux.

Il y a long-tems que *Lower* a observé , dans les animaux vivans , que le sang qui jaillit d'une blessure faite à la veine pulmonaire , est d'une couleur vive. Il savoit déjà que le sang que l'artère pulmonaire porte dans le poumon , est d'une couleur noire; il en conclut que le sang prend sa couleur brillante dans son passage à travers le poumon.

3

Observant ensuite que quand les animaux ont cessé de respirer, le sang que verse la blessure de la veine pulmonaire est au contraire noir, il attribue la production de la
couleur brillante du sang pulmonaire aux effets de la respiration (1). Cette opinion souvent répétée depuis par
différens auteurs, paroît être devenue générale. Ayant
dessein d'examiner ce fait avec une attention particulière,
je me procurai quelques chiens de forte taille. Je leur
enlevai le sternum ; je découvris les troncs des veines et
artères pulmonaires, de façon à bien distinguer la couleur
de leur sang ; j'enflai les poumons avec un soufflet, suivant la méthode de *Vesale* (2), imitant ainsi les mouvemens de la respiration naturelle, et par ce moyen, je con-
servai l'animal en vie pendant un temps considérable. Dans
cette expérience, j'observai que pendant l'action du soufflet, le sang contenu dans le tronc de l'artère pulmonaire
étoit noir, et celui qui traversoit la veine étoit d'une couleur vive. Et quand le soufflet cessoit de jouer pendant une
minute, le sang devenoit noir par degrés dans les veines
ainsi que dans les artères.

Dans quelques-uns de ces animaux, je séparai les troncs
des veines et des artères sous-clavière, et j'observai que
le sang artériel, tandis qu'on souffloit, devenoit éclatant,
et au contraire, redevenoit graduellement noir, ainsi que
le sang veineux, quand on faisoit cesser l'action du soufflet.

J'examinai également les mêmes phénomènes dans la
grenouille et le lézard, dont les poumons ne sont qu'une
vessie transparente avec des vaisseaux sanguins si minces,
que la couleur du sang se distingue aisément à travers
leurs parois.

---

(1) *Tr. de Corde*, p. 185.
(2) Vesalius, de corp. hum. fabricâ, l. VI, c. XIX, p. 572.

J'enflois plusieurs fois les poumons de ces animaux, et je les vidois ensuite à l'aide d'une douce compression, imitant ainsi les mouvemens de la respiration telle qu'elle a lieu dans les animaux plus parfaits. Dans toutes ces expériences, quand l'air entroit dans les poumons, le sang des vaisseaux pulmonaires devenoit progressivement plus brillant ; mais quand les poumons étoient vidés, le même sang devenoit successivement plus noir. Joignez à cela l'observation journalière du sang qu'on tire par les saignées, qui, étant d'une couleur sombre au sortir de la veine, devient plus brillant par la simple exposition à l'air.

Tous ces faits semblent confirmer l'opinion de *Lower*, que le sang acquiert une couleur plus éclatante en passant par le poumon, et que cette couleur est le produit de l'action chimique de l'air.

Nous allons maintenant rechercher quelle portion de l'air respiré occasionne ce changement dans la couleur, et quelle altération chimique a lieu dans ce moment.

Cela vient-il de ce que l'air respiré se charge de l'air fixe (*gaz acide carbonique*) que le sang abandonne en passant dans le poumon, ou d'une action chimique de l'air phlogistiqué (*gaz azote*) ou déphlogistiqué (*gaz oxygène*)?

Si l'avivement de la couleur du sang vient du dégagement en nature de l'air fixe (*gaz acide carbonique*) séparé du sang, alors, du sang d'une couleur brillante, exposé à l'air fixe dans les vaisseaux clos, doit reprendre la couleur noire.

J'ai introduit dans un récipient de verre rempli d'air fixe (*gaz acide carbonique*) quatre onces de sang nouvellement tiré. Je les y ai tenues fort long-temps ; mais le sang n'est pas devenu noir, et n'a éprouvé aucun changement remarquable. J'ai mis encore dans une phiole remplie d'air fixe (*gaz acide carbonique*) du sang de couleur brillante jaillissant de la carotide d'un mouton, la couleur n'a pas été altérée davantage. D'où je conclus que le changement de couleur que produit la respiration, ne vient point du dégagement en substance de l'air fixe abandonné par le sang.

On ne peut pas non plus attribuer ce changement à l'action chimique de l'air phlogistiqué (*gaz azote*), puisqu'il est constant que le sang noir nouvellement tiré, exposé à l'air phlogistiqué (*gaz azote*) dans un vaisseau fermé, ne change aucunement de couleur.

Au contraire, on a souvent assuré que le sang noir fraîchement tiré, mis dans l'air déphlogistiqué (*gaz oxygène*), prend une couleur brillante.

Pour m'assurer de la vérité de ce fait, j'ai introduit de l'air déphlogistiqué (*gaz oxygène*) dans un récipient de verre renversé dans le mercure ; j'y ai fait entrer quatre onces de sang fraîchement tiré de la jugulaire d'un mouton. Le sang est devenu aussi-tôt d'une couleur vive', et le mercure a paru s'élever un peu dans le récipient. Pour m'assurer de cette dernière circonstance, j'ai répété trois ou quatre fois l'expérience ; toujours la couleur a subitement éprouvé le même changement, et toujours après quelques minutes le mercure s'est élevé de deux ou trois lignes. Il est donc évident que l'air déphlogistiqué (*le gaz oxygène*) change la couleur noire du sang, et qu'une petite quantité de cet air disparoît dans le procédé. Mais comme les phénomènes que présente cette expérience se retrouvent parfaitement semblables dans la respiration, on peut en conclure que c'est l'air déphlogistiqué (*le gaz oxygène*) qui avive la couleur dans l'un et l'autre cas.

Pour n'avoir aucun doute à cet égard, j'ai dilaté les

poumons de quelques chats avec l'air déphlogistiqué
(*le gaz oxygène*), après leur avoir enlevé le sternum,
et dans toutes les veines pulmonaires le sang est devenu
aussi-tôt d'une couleur vive.

Il est donc évident, d'après cela, que la couleur vive
que le sang reçoit de la respiration, vient de l'air déphlogistiqué (*gaz oxygène*); mais on peut faire cette
question : Comment l'air agit-il sur le sang dans la respiration? est-ce par l'intermède des vaisseaux absorbans,
ou par une force d'attraction chimique ?

S'il étoit reçu par les vaisseaux absorbans, il seroit
porté directement dans les cavités droites du cœur, et
ce seroit là qu'il opéreroit le changement de couleur.
C'est ce qui n'arrive pas.

Le docteur Priestley a démontré que l'air atmosphérique change la couleur du san même à travers les
membranes d'une vessie; mais nous n'avons pas de preuve
directe qu'il produise le même effet à travers les tuniques
des vaisseaux d'un animal vivant.

Pour établir ce fait, j'ai disséqué, dans plusieurs lapins,
la membrane cellulaire qui environne les petites veines
du cou; j'y ai arrêté le sang par des ligatures; j'ai dirigé
sur les tuniques de ces vaisseaux un léger courant d'air
déphlogistiqué (*de gaz oxygène*). Dans quelques-uns, le
sang a paru prendre une couleur un peu plus vive; dans
les autres, je n'ai apperçu aucun changement remarquable, quoique j'aie soutenu le courant pendant deux
minutes.

Toutefois, dans les cas où le changement de couleur
a eu lieu, il faut croire que quelque substance a pu
traverser les tuniques des vaisseaux; d'où il résulte une
grande probabilité, que quand l'air déphlogistiqué (*le*
gaz oxygène) change la couleur du sang dans le pou-

mon , quelque chose aussi traverse les tuniques des vaisseaux pulmonaires , par l'effet d'une force chimique
attractive.

Mais , quelle est cette substance qui traverse les vaisseaux ? c'est ce que nous ne savons pas. Est-ce quelque
principe séparé du sang qui se combine à l'air déphlogistiqué (*le gaz oxygène*) pour former l'air fixe (*le gaz
acide carbonique*) ? est-ce l'air déphlogistiqué (*le gaz
oxygène*) qui se décompose et dont une partie passe
dans le sang , tandis qu'une autre reste sous la forme
d'air fixe (*gaz acide carbonique*) ? ou enfin , est-ce l'air
déphlogistiqué (*le gaz oxygène*) qui entre dans le sang
sans se décomposer, tandis que l'air fixe (*le gaz acide
carbonique*) se sépare des vaisseaux pulmonaires ?

La première hypothèse est appuyée sur un plus grand
nombre de faits chimiques. Mais ils ne font autre chose
que la rendre la plus probable ; et que peut-on attendre , dans cette matière, que des probabilités, tant que
la nature des différens airs ne nous sera pas mieux
connue ?

Mais quelque solution que nous donnent un jour de
nouvelles expériences, il restera toujours incontestable,
que le changement de couleur qui s'opère dans le sang
à son passage dans les poumons , est occasionné par
l'action chimique de l'air déphlogistiqué (*gaz oxygène
ou air vital*) contenu dans l'atmosphère, et qu'en conséquence de cette action il se forme de l'air fixe (*gaz acide
carbonique*) qui se mêle à l'air respiré.

Pour avancer dans nos recherches, nous allons tâcher
de tracer la liaison qui existe entre les changemens qu'é-
prouve le sang pulmonaire , et les autres fonctions de
notre corps.

On sait généralement que quand un animal respire

plusieurs fois le même air , son pouls se ralentit , jusqu'à ce qu'enfin il s'arrête, et alors toutes les autres
fonctions sont également suspendues. On sait également
que quand la respiration est arrêtée , les mêmes symptômes ont lieu. Quelle connexion y a-t-il entre ces
phénomènes ?

Déjà nous avons démontré que quand le même air
est respiré plusieurs fois , ou quand il est retenu dans
les poumons plus long-temps que de coutume, il y a
diminution dans l'air déphlogistiqué (*gaz oxygène*) et
augmentation dans l'air fixe (*gaz acide carbonique*). Les
symptômes que nous avons décrits viennent donc de
l'une de ces deux causes , ou des qualités nuisibles de
l'air fixe (*du gaz acide carbonique*) ajouté, ou de la
privation des qualités salubres de l'air déphlogistiqué
(*du gaz oxygène*) soustrait. Mais ce n'est pas la quantité
d'air fixe (*de gaz acide carbonique*) qui se forme ici,
qui est capable de nuire notablement aux poumons,
puisque l'on peut sans inconvénient en respirer une bien
plus grande quantité mélangée avec l'air atmosphérique ;
il faut donc les attribuer à la diminution progressive de
l'air déphlogistiqué (*du gaz oxygène*).

Quand l'air déphlogistiqué est ainsi diminué , le changement de couleur que le sang éprouve dans les poumons
est proportionnellement moins grand, jusqu'à ce qu'enfin
il passe dans les veines pulmonaires avec cette même
couleur noire avec laquelle il étoit entré dans les artères.

Ce fait a déjà été démontré en grande partie dans les
expériences faites en soufflant dans les poumons. On
peut le rendre encore plus sensible dans le lézard et la
grenouille , dont les poumons peuvent être mis à nu
très-long-temps sans détruire la vie de l'animal.

J'ai poussé une grande quantité d'air dans les poumons d'un petit chien, dont j'avois enlevé le sternum ; je l'y ai contenu au moyen d'une ligature serrée faite à la trachée artère. Le sang continua de circuler dans les poumons, mais il commença à prendre une teinte plus sombre dans les troncs des veines pulmonaires, et en moins de deux minutes il devint très-noir.

Je me suis procuré, dans la même vue, une forte grenouille ; j'ai mis à nu ses poumons des deux côtés, et au moment où ils étoient remplis d'air, je l'ai plongée dans un vase de verre dans lequel étoit de l'eau. Au moment où la grenouille plongeoit dans l'eau, le sang qui circuloit dans ses poumons étoit d'une couleur fort vive. Après qu'elle y fut restée vingt minutes, les poumons étant encore pleins d'air, le sang s'obscurcissoit progressivement dans tous les vaisseaux pulmonaires, jusqu'à ce qu'enfin il parut tout-à-fait noir. J'ai répété plusieurs fois cette expérience avec le même animal, et une ou deux fois avec des lézards ; et toutes les fois qu'ils conservoient long-temps le même air dans leurs poumons après l'immersion, le sang pulmonaire prenoit par degrés la couleur noire.

Il suit de là, que quand l'air déphlogistiqué (*le gaz oxygène*) est ainsi successivement diminué, le sang qui passe dans les vaisseaux pulmonaires n'éprouve plus le même changement de couleur qui a lieu dans la respiration ordinaire ; il suit aussi que les symptômes qui résultent de la suppression de la respiration, doivent être attribués à la qualité particulière que prend alors le sang. Mais comment se fait-il que cet état du sang amène ces symptômes ? c'est ce qu'il faut examiner.

Une première supposition seroit que le sang dans cet état prend une qualité nuisible aux nerfs des poumons, et que par leur moyen son action se transmet jusqu'au cerveau.

Si cela est ainsi, la suspension de la respiration n'aura plus le même effet, quand les nerfs qui se distribuent aux poumons, seront coupés de façon à ce que leur communication avec le cerveau soit interceptée.

Pour m'en assurer, j'ai pris un petit chien : je lui ai coupé les troncs de la paire vague et du grand intercostal des deux côtés du cou, à environ un pouce au-dessous du larynx. La peau ayant été recousue, l'animal ne paroissoit éprouver d'autre mal que celui d'une respiration laborieuse. Le lendemain je le mis sous une cloche de verre renversée et pleine d'air atmosphérique ; après quelques minutes, la respiration devint difficile, et l'animal tomba sans donner aucun signe de vie. J'ai fait encore la même opération à un autre chien, et le lendemain je lui ai passé un nœud autour de la trachée, et je lui ai intercepté la respiration. Bientôt il est tombé sans donner aucun signe de vie.

Ainsi, le sang devenu noir, produit les mêmes effets lorsque la communication des nerfs pulmonaires avec le cerveau est détruite ; et par conséquent dans les cas où la respiration se trouve interceptée, on ne peut dire qu'il porte son action nuisible sur le cerveau par l'intermède des nerfs.

Des poumons, le sang noir passe immédiatement dans le sinus veineux et l'oreillette gauche du cœur. Que produit-il dans ces organes ?

Le cœur ne peut en éprouver de changement sensible que dans ses contractions. Ces contractions peuvent être aisément observées en soufflant dans les poumons lorsque le sternum est enlevé, et après qu'on a ouvert le péricarde de manière à bien voir de quelle manière s'opèrent les mouvemens des oreillettes et des ventricules.

J'en ai fait l'expérience avec toutes ces conditions ; et pendant la dilatation des poumons , j'ai considéré attentivement le changement de couleur du sang, et la correspondance des contractions de l'oreillette et du ventricule gauches ; voici ce que j'ai toujours vu : quand le sang qui passoit dans l'oreillette gauche étoit d'une couleur vive , l'oreillette et le ventricule se contractoient vivement , et la circulation se soutenoit comme dans l'état de santé ; mais quand la couleur du sang s'obscurcissoit , les contractions diminuoient ; quand enfin le sang devenoit noir , elles cessoient entièrement, encore que l'oreillette fût distendue par le sang. Les contractions cessées, les autres fonctions du corps demeuroient suspendues ; mais si-tôt qu'on rétablissoit la couleur vive , l'oreillette et le ventricule recommençoient à se contracter et à revenir à l'état naturel ; les autres fonctions se rétablissoient également.

Dans ces expériences , les contractions de l'oreillette et du ventricule éprouvent immédiatement et sur-le-champ l'effet du changement de couleur opéré dans le sang qui y est versé (1) , puisque quand leurs mouvemens cessent,

---

(1) Cette explication a été combattue par des personnes dont l'autorité a un grand poids. Ils ont dit que dès la première dilatation du poumon le cœur reprenoit ses contractions ; et que comme le sang contenu dans ses cavités ne pouvoit pas être aussi subitement renouvelé, il falloit que cet effet fût dû à quelque autre cause ; mais d'abord les deux circonstances sur lesquelles est fondé ce raisonnement sont seulement des assertions , qui n'ont pas été encore démontrées. En outre , il peut bien se faire qu'une contraction foible soit occasionnée dans le cœur par l'agitation qu'il éprouve dans la distension du poumon , de la même manière qu'on excite de foibles mouvemens dans le cœur des animaux amphibies en secouant leur corps, ou en exerçant sur l'organe une douce compression ; mais

en trouve constamment l'oreillette remplie d'un sang noir.
Nonobstant ces faits, ceux qui se sont fait des opinions
particulières sur la manière dont le sang agit sur le cœur,
ne concevront pas aisément que les changemens qui ont
lieu dans les contractions de cet organe, soient l'effet seulement du changement de couleur dans le sang. On peut
lever la difficulté en faisant les mêmes expériences dans les
animaux amphibies (1), dans lesquels le cœur n'a qu'une

---

ces mouvemens sont différens des contractions naturelles qui sont
fortes, et doivent en être soigneusement distinguées.

(1) Quelques auteurs estimables ont employé le mot de *sympathie*
pour exprimer la connexion entre les fonctions des poumons et du
cœur. Quand les poumons sont dilatés le cœur se meut, disent-ils,
par sympathie; mais comme ils n'ont pas dit dans quel sens ils
entendent ce mot, il est impossible d'apprécier la justesse de ce
raisonnement. Entendent-ils par sympathie un principe particulier
ou une qualité cachée, supposée existante dans le corps? Alors ce
n'est plus qu'un nom donné à une des qualités occultes de l'école
péripatéticienne, dont on ne peut démontrer l'existence. Et comme
ces qualités ne présentent à l'esprit aucune idée claire, il y a long-
temps qu'elles ont été bannies par la saine philosophie.

Si par-là on veut exprimer l'idée d'une cause mécanique, et dire
que le mouvement des poumons dans la respiration entretient
mécaniquement les contractions du cœur, les faits ne s'accorderont
pas avec cette assertion; s'il étoit ainsi, le mouvement des poumons
suffiroit seul pour entretenir les contractions du cœur, et toute
espèce de fluide aériforme seroit également bon pour l'effet de la
respiration : pour peu aussi que le mouvement des poumons s'ar-
rêtât, celui du cœur s'arrêteroit de même; mais il y a au contraire
des sortes de fluides aériformes qui ne remplissent pas à cet égard le
but de la respiration, puisque quand les animaux les respirent à part,
le mouvement du cœur s'arrête quoique la respiration continue ; et
quand les animaux amphibies sont plongés dans l'eau, le mouvement
des poumons s'arrête quoique les contractions du cœur continuent
d'avoir lieu pendant plus d'une heure après. Cela n'arriveroit pas si

oⁱ illette et un ventricule, l'artère pulmonaire n'est qu'une
petite branche de l'aorte, et les veines, également petites, se vident dans le sinus veineux en même temps
que la veine cave ascendante qui y porte la portion la plus
considérable du sang. Dans ces animaux, la quantité de
sang que fournit cette veine seroit bien suffisante pour entretenir l'action du cœur, indépendamment de la circulation pulmonaire, si cette action n'avoit besoin pour
être entretenue que d'un volume déterminé de sang. Les
tuniques du sinus veineux, de l'oreillette et des vaisseaux
sanguins sont transparens; l'air que les poumons contiennent est en assez grande quantité pour suffire pendant long-
temps, et sans une nouvelle communication avec l'atmosphère, aux changemens que le sang pulmonaire doit
éprouver : de cette manière les altérations qui s'opèrent
dans la couleur du sang, ainsi que dans les mouvemens
du cœur, par l'interception de la respiration, offrent
une progression plus lente et des effets plus distincts que

---

le mouvement des poumons entretenoit mécaniquement celui du
cœur.

Mais probablement on entend ce mot de *sympathie* dans sa signi-
fication stricte et originaire ; c'est-à-dire qu'on entend par-là, la
co-existence de deux effets, ou la constance avec laquelle une altération, un changement dans l'économie du corps animal, en suit ou
accompagne toujours un autre, sans avoir égard à la cause efficiente
de l'un ou de l'autre, et sans s'occuper de la manière connue ou
probable dont se fait leur connexion. Dans ce sens, comme le mot
n'exprime proprement qu'un fait, on ne peut s'en servir comme
d'une objection ; pour moi ce seroit mal-à-propos que je me servirois
ici de cette expression, puisque mon but est précisément de trouver
la manière dont les mouvemens du poumon se lient avec ceux du
cœur, et de remplir ce vide de la physiologie en en recherchant la
véritable cause.

dans les animaux dans lesquels les cavités du cœur sont doubles, et où toute la masse du sang est obligée de traverser les poumons.

J'ai fixé une forte grenouille bien vive sur une table de métal, le ventre en-dessus ; je lui ai enlevé une partie du sternum suffisante pour que le cœur et les poumons parussent à nu. Les poumons étoient pleins d'air, le sang des veines pulmonaires étoit d'une belle couleur, et le cœur battoit 44 fois en une minute. Dans cet état, je plongeai l'animal dans une petite quantité d'eau bien limpide. On pouvoit y distinguer parfaitement les changemens de couleur du sang, ainsi que les contractions du cœur. Au bout de 15 minutes le sang pulmonaire commença à prendre une couleur plus sombre, et les contractions du cœur étoient réduites à 30. Après 15 autres minutes, la couleur étoit encore plus obscure et les contractions réduites à 18. L'animal fit alors quelques mouvemens pour se débarrasser et laissa échapper quelques bulles d'air de ses poumons ; mais la couleur du sang continuant à s'obscurcir, le nombre des battemens diminuoit encore ; enfin, au bout de 40 autres minutes ils cessèrent tout-à-fait. Cependant le sinus veineux, l'oreillette et la veine cave étoient pleins de sang noir. Je retirai l'animal de l'eau sans aucun signe de vie. Avant qu'il se fût passé deux minutes, il ouvrit sa gueule, inspira une grande quantité d'air frais. Bientôt après il vida ses poumons presque entièrement, et répéta ce mouvement plusieurs fois. Pendant ce temps, le sang des veines pulmonaires devenoit brillant. Le cœur recommença à se contracter ; en 15 minutes le nombre des contractions s'éleva à 35 par minute, toutes les fonctions se rétablirent, et l'animal se mit bientôt à aller et venir sans aucune apparence de mal-aise.

J'ai répété plusieurs fois cette expérience sur la même grenouille ; et lorsqu'après être sortie de l'eau , elle tardoit à remplir ses poumons d'air , je les enflois moi-même à l'aide d'un tuyau de pipe ; je les exprimois ensuite, et par ce moyen je renouvelois les contractions du cœur. A la fin , étant retirée de l'eau, la grenouille resta une heure entière sans que l'air entrât dans ses poumons. Néanmoins aussi-tôt qu'on en introduisoit, le sang reprenoit encore sa couleur brillante dans les veines pulmonaires, mais il n'étoit plus possible de renouveler les contractions du cœur.

J'ai répété ces mêmes essais sur un lézard, et toujours la fréquence des contractions du cœur diminuoit en proportion de la couleur sombre du sang. Elle se rétablissoit quand cette couleur reprenoit de l'éclat, absolument comme dans la grenouille.

Dans tous les cas, la quantité de sang qui arrivoit au cœur étoit toujours bien suffisante pour entretenir ses mouvemens, et malgré cela , ses contractions se ralentissoient dans la même proportion que la couleur du sang s'obscurcissoit, et quand celle-ci devenoit noire, elles cessoient entièrement. Ainsi ces variations dans le mouvement du cœur ne dépendent absolument que de la qualité du sang.

Mais , me demandera-t-on , comment la qualité du sang peut-elle diminuer ainsi les contractions du cœur? De deux choses l'une. — Ou c'est parce que ce sang prend alors une qualité nuisible , ou c'est parce qu'il cesse d'être un *stimulus* suffisant pour entretenir ces contractions.

Si c'étoit une qualité nuisible qui produisît cet effet sur le cœur, il en résulteroit que la faculté contractile de cet organe seroit diminuée ou détruite par son action (1). Or, si cela étoit, le cœur cesseroit de se contracter par l'action ordinaire des agens nécessaires pour exciter ses mouvemens. Cependant, dans toutes ces expériences, où le cœur cessoit de se contracter quand le sang qu'il recevoit étoit noir, dès que l'air reçu dans les poumons avoit ravivé la couleur dans une partie de ce liquide, aussi-tôt les contractions se renouveloient et revenoient à leur mesure naturelle.

Il en faut donc conclure que ce sang noir n'a aucun effet nuisible sur le cœur lui-même ; et que, dans tous les cas où la respiration est interceptée, le cœur cesse de se contracter, parce que le sang qui y passe n'est plus pour lui un *stimulus* suffisant. Il en résulte *que les changemens chimiques que le sang éprouve dans les poumons par la respiration, lui donnent une qualité stimulante, à l'aide de laquelle il devient propre à exciter les contractions de l'oreillette et du ventricule gauches du cœur* (2).

_____

(1) Par *faculté contractile du cœur*, j'entends cette propriété par laquelle cet organe pousse le sang dans le système de la circulation.

(2) Cette conclusion, au premier coup-d'œil, paroîtra peut-être singulière, puisque le même sang noir est un stimulus suffisant pour l'oreillette et le ventricule droits ; en effet, ce sang, l'instant d'avant, étoit chassé de ces cavités et poussé dans les poumons. Si donc il est un stimulus suffisant pour exciter les contractions des cavités droites, pourquoi est-il insuffisant pour produire le même effet dans les cavités gauches ?

Il faut ici se rappeler que les deux côtés du cœur ne se ressemblent nullement dans toutes leurs qualités. Il y a entr'elles une grande différence *tant relativement à la quantité des fibres musculaires qui les composent, qu'à leur sensibilité aux causes qui excitent le cœur à se contracter.* Ceci seul détruit toute la force de l'objection.

Mais quand cette différence ne seroit pas si marquée, cette singularité n'est pas particulière au cœur. Il y a maint exemple dans le

D

De toutes ces expériences, nous tirerons les conséquences suivantes :

1°. Une certaine quantité d'air déphlogistiqué (*de gaz*
oxygène) est séparée de l'air atmosphérique dans les
poumons par la respiration, et une certaine quantité d'air
fixe (*gaz acide carbonique*) y est substituée.

2°. L'air déphlogistiqué (*le gaz oxygène*) exerce une
action chimique sur le sang pulmonaire ; au moyen de
cette action le sang prend une couleur plus éclatante.

3°. Dans la respiration ordinaire, on voit distincte-
ment cette couleur dans le moment où le sang passe dans
l'oreillette gauche, et alors le cœur se contracte avec
sa force et sa fréquence ordinaires.

4°. Quand la respiration est interceptée, l'éclat de
cette couleur diminue par degrés, et les contractions de
l'oreillette gauche s'arrêtent bientôt.

5°. La cessation des contractions de l'oreillette vient
du défaut de qualité stimulante dans le sang lui-même.

D'où il résulte,

Que la qualité chimique que le sang acquiert en passant
par les poumons, est nécessaire pour entretenir l'action du
cœur, et conséquemment le bon état du corps.

---

corps animal qui prouve que des muscles semblables dans leur structure, n'obéissent pas à l'action des mêmes stimulans. Les uns sont
mis en action par l'effet de la volonté ; d'autres par l'imagination
frappée de certains objets ; quelques-uns par des *stimulus* chimiques.
Aucun de ces agens n'occasionne une contraction complète dans les
muscles auxquels il n'est pas approprié. Ainsi cette objection ne doit
pas regarder spécialement les conclusions que nous déduisons ici,
mais plutôt la loi générale des corps animés, loi qui, jusqu'à présent,
doit être regardée comme un fait définitivement constaté (*an ultimate*
fact.).

SECTION V.

Déterminer la nature de la maladie produite par la submersion.

Nous avons fait voir, dans la première section, que les animaux plongés dans l'eau rejetoient de petites quantités d'air, et faisoient effort pour en attirer de nouveau de l'atmosphère. Par l'effet de ces efforts, le liquide qui les environne entre dans leur bouche, et souvent aussi dans leurs poumons. Mais la quantité qui y pénètre est incapable de causer les symptômes qui suivent la submersion. (*Voyez les expériences de la seconde section.*) Dans la cavité des poumons, ce liquide se mêle à l'air et augmente la dilatation de ces cellules aëriennes des poumons. En conséquence, les poumons sont dans un état modéré de dilatation, c'est-à-dire, moyen entre l'état d'inspiration et celui d'expiration ; et dans cet état le sang pourroit circuler assez librement à travers les vaisseaux pulmonaires, pour entretenir la vie et la santé. (*Voyez les conclusions de la section troisième.*) D'où il suit que les symptômes que produit la submersion ne viennent pas de l'arrêt de la circulation dans le système pulmonaire.

Par l'effet de la situation où se trouve l'animal, l'air et l'eau sont retenus dans les poumons, et l'air déphlogistiqué (*le gaz oxygène*) qu'ils contiennent s'y consume peu à peu. Alors le sang qui passe dans le poumon, prend de moins en moins la couleur brillante qu'il doit y recevoir ; les contractions du cœur se ralentissent à mesure, jusqu'à ce qu'elles cessent entièrement (*voyez*

les expériences qui terminent la quatrième section), et cependant la faculté contractile du cœur subsiste encore.

Il paroît donc que la cessation des mouvemens du
cœur peut être regardée comme l'effet de l'obstacle que
l'eau environnante met à l'entrée de l'air dans les poumons.

Voyons maintenant si les autres symptômes caracté-
ristiques (*voyez la première section*) peuvent être déduits
de l'interception de la respiration et de la cessation des
mouvemens du cœur, qui en est la suite comme de leur
véritable cause.

A mesure que la couleur du sang qui traverse les poumons devient plus obscure, les contractions de l'oreillette et du ventricule gauches, ainsi que les pulsations
correspondantes des artères, deviennent plus foibles, la
progression du sang plus lente. Le sang qui s'avance plus
lentement dans les gros troncs s'arrête tout-à-fait dans
les petites ramifications des artères et des veines, parce
que la résistance qu'il y éprouve est plus grande ; enfin,
quand le sang pulmonaire ne se trouve plus propre à exciter les contractions du sinus veineux et de l'oreillette,
*ces organes le reçoivent dans leurs cavités et restent néan-
moins en repos.* A peine ont-ils cessé de se contracter et
de pousser le sang vers la tête, que *toutes les fonctions intellectuelles* (1) *s'arrêtent, les sens et les mouvemens dépen-*

_____

(1) Quelle que puisse être la cause efficiente des opérations
intellectuelles, des sensations, etc. la circulation du sang dans le
cerveau est toujours une condition indispensable de leur exécution
dans tous les animaux parfaits. Les évanouissemens qui suivent les
grandes pertes de sang en sont un exemple journalier. Aussi-tôt que
les mouvemens du cœur semblent s'arrêter, on perd le sentiment de
son existence, et toutes les opérations attribuées à l'ame disparois-

dans de la volonté sont suspendus, et les signes extérieurs de la vie disparoissent. Le sang noir restant stagnant dans les artères, et particulièrement dans les petites ramifications artérielles et veineuses, *répand une couleur bleue sur les différentes parties du corps, particulièrement sur la face et les lèvres* (1), où le nombre des vaisseaux super-

---

sent également. Tout cela se rétablit dès que le mouvement du cœur se renouvelle.

(1) Il paroit, par les phénomènes que présente la dissection des corps (*voy. section V*), que cette couleur bleue ¡de la face, etc. vient de la présence du sang noir dans les petites ramifications veineuses et artérielles. Cela est encore mieux prouvé par le fait suivant, fait remarquable consigné dans les observations anatomiques du docteur Sandifort, et de l'authenticité duquel j'ai été bien assuré par des témoins oculaires encore existans. Le sujet est un enfant né en 1764.

« Dans la deuxième année de sa vie, les ongles de ses doigts » devinrent bleus. Cette couleur bleue paroissoit et disparoissoit » alternativement pendant le cours de l'année. Alors l'enfant tomba » dans une langueur générale, quelques taches livides se faisoient » appercevoir sur le visage, ces taches augmentoient beaucoup par » l'effet de l'exercice, jusqu'à ce qu'enfin toute la face devint bleue » au moindre mouvement du corps, et particulièrement les lèvres » et la langue, A la fin de l'année, la poitrine étoit oppressée, l'en- » fant se plaignoit d'un froid général de tout le corps, que la chaleur » extérieure ne pouvoit dissiper. La saignée diminuoit un peu l'an- » xiété de la poitrine ; le sang étoit noir, et ne se séparoit pas bien » en caillot et en sérum. Dans la troisième année, l'enfant fut pris » de fréquentes palpitations de cœur; on recommanda pour cela les » bains froids et l'exercice, mais ces remèdes ne firent qu'aggraver » ses maux. Ces symptômes subsistèrent sans changement jusqu'à » l'âge de dix ans. Alors ils augmentèrent considérablement, et l'en- » fant eut un crachement de sang.

» A onze ans, il éprouvoit une grande oppression dans la poitrine » au moindre mouvement ; souvent il se trouvoit mal ; son visage » paroissoit un peu bouffi, et la couleur bleue étoit fort augmentée.

ficiels est plus considérable. — Après que l'oreillette et
le ventricule gauches ont cessé de se contracter, l'oreillette et le ventricule droits éprouvent encore l'action des
causes qui naturellement les mettent en contraction ; ils
continuent leurs mouvemens pendant quelques minutes,
et poussent encore le sang noir dans les vaisseaux pulmonaires : en conséquence, il s'y accumule, et les poumons
prennent alors une couleur livide. Mais la résistance que
le sang éprouve dans les artères pulmonaires, et la cessation des mouvemens *synchroniques* du ventricule gauche, rendent successivement plus foibles les mouvemens
du ventricule droit, jusqu'à ce qu'ils cessent tout à-
fait ; et l'oreillette droite, bientôt fortement distendue
par le sang, cesse aussi de se contracter. Cependant la
faculté contractile subsiste encore.

Nous venons de tracer la succession des symptômes,
et de démontrer comment l'anéantissement des mouvemens du cœur résulte de l'interception de la respiration,
comme de leur véritable cause. — Il nous reste à fixer la
dénomination qu'on doit donner à cette maladie, ainsi
que la place qui lui appartient dans l'ordre nosologique.

» Enfin, les jambes devinrent œdémateuses, et il mourut. A l'ouver-
» ture du corps, on trouva que l'aorte prenoit son origine à-la-fois
» des deux ventricules du cœur. Une moitié des valvules demi-lu-
» naires répondoit au ventricule droit, et l'autre moitié au ventri-
» cule gauche, en sorte que moitié du sang que recevoit l'aorte étoit
» constamment du sang noir, et qui n'ayant pas passé par le poumon,
» n'avoit éprouvé aucun changement de couleur » (*).

(*) M. Jurine, de Genève, dans un Mémoire sur l'Eudiométrie cite un
fait remarquable par des symptômes absolument semblables. — Dans le cas
dont il parle, l'ouverture du corps ne présenta d'autre dérangement orga-
nique que le trou ovale du cœur resté ouvert dans une proportion très-con-
sidérable. On conçoit que ces deux états ont dû produire les mêmes effets
sur le sang dans l'un et l'autre sujet. *Note du Traducteur.* Mém. Soc. Méd.

Comme un symptôme constant de cette maladie est la diminution graduelle du pouls, on lui a d'abord donné le nom de *syncope* (1); mais d'après quelques observations faites ensuite, les médecins ont cru à propos de la distinguer des espèces moins dangereuses de syncopes, et l'ont nommée *asphyxie* (2). On a généralement adopté ce nom. Mais il s'est élevé une autre difficulté sur la place qu'on devoit lui assigner dans l'ordre nosologique ; et l'obscurité dans laquelle étoit restée la nature de ce mal, a fait qu'on l'a retranché pendant quelque temps des systêmes de nosologie. Enfin, on a cru qu'il étoit probable, d'après la plupart des observations et des expériences, que l'action diminuée du cœur et des artères provenoit d'un état morbifique du cerveau, occasionné par la pression du sang sur cet organe. En conséquence, on a pensé que l'affection primitive étoit une apoplexie ; on a regardé la diminution de l'action du cœur uniquement comme un symptôme de l'affection principale, et l'asphyxie a été rangée sous le genre *apoplexia*, où elle est encore placée (3). Toutefois, si nous devons regarder l'affection primitive du corps malade, comme la maladie même (4), et tous les effets qui en résultent comme les symptômes, le siége de cette maladie est dans le

_____

(1) *Syncope, motus cordis imminutus vel aliquandiù quiescens.* Nosol. Cullen. gen. 64.

(2) Ἀσφυξία; *deletis omnibus vitæ indiciis, accedente etiam suffocatione, mortis imaginem ita refert, ut merito dubitetur, vitam ne', an mortem prædicare fas sit.* Instit. Pathol. H. D. Gaubii.

(3) Synopsis Nosolog. Cullen. p. 190.

(4) *Status ille corporis viventis, quo fit, ut actiones homini propriæ non possint apposité ad leges sanitatis exerceri, morbus dicitur.* Instit. Pathol. H. D. Gaubii.

sang, et consiste *dans la présence d'un sang noir dans*
les cavités gauches du cœur et dans le système artériel,
et pour lors la diminution de l'action du cœur et des artères, la couleur bleue de la face, &c. ne sont que des
symptômes, et par conséquent on peut avec assez de raison nommer cette maladie *Melanœma* (1), et la classer
avec toutes celles qui ont avec elle quelque ressem-
blance.

Comme il n'y a ici ni affection fébrile (*pyrexia*) ni
affection primitive du système nerveux (*neurosis*), que
l'altération dans la couleur de la peau est un symptôme
constant, ne seroit-il pas conforme aux principes du sys-
tême nosologique de placer cette maladie dans la classe
des cachexies et dans l'ordre *impetigo?* et puisqu'il n'y a
aucun genre auquel elle se rapporte, ne peut-on pas
proposer de la nommer et de la définir de la manière
suivante?

MELANÆMA ; impedita sanguinis venosi in arteriosum
conversio, cujus signa syncope et livor cutis.

Ce genre deviendra le rendez-vous d'un certain nombre d'espèces errantes qui n'ont point encore trouvé de
place fixe dans l'ordre nosologique. En effet, des expériences que nous avons détaillées, il suit naturellement
que les maladies produites par la strangulation (2), par

---

(1) Μέλαν αἷμα, *sanguis niger*, sang noir.

(2) Il est assez singulier que la plus grande partie des praticiens
regardent encore la mort des pendus comme l'effet de la compression
faite sur le cerveau, malgré le nombre considérable de faits connus
en chirurgie, qui prouvent qu'une compression, bien plus forte que
celle que peut produire l'accumulation du sang faite sur cet organe
par la strangulation, ne diminue les contractions du cœur ni sur-le-
champ, ni pendant plusieurs heures, ni même pendant plusieurs
jours.

l'inspiration des airs fixe et phlogistiqué (*des gaz acide carbonique et azote*), sont toutes produites par ce sang noir qui passe dans le cœur sans avoir été changé par la respiration. Elles seront par conséquent toutes réunies dans une même famille (1) ; mais comme les noms et leur disposition ne sont que des objets d'un second ordre quand une fois la nature d'une maladie est déterminée, il sera peut-être plus facile de composer avec les préjugés reçus en retenant le nom d'*asphyxia*, et en regardant la maladie dont nous parlons comme une syncope symptomatique. On y ajouteroit alors une phrase qui fixeroit le sens de l'affection primitive, et on diroit,

ASPHYXIA à sanguine venoso in auriculam et ventriculum sinistros transeunte.

Toutefois, je ne présente ceci que comme des questions proposées aux nosologistes, et que j'abandonne volontiers à leur décision.

SECTION VI.

Déterminer l'état dans lequel se trouve le corps dans cette maladie, et les moyens de la distinguer de la mort.

Les corps des animaux n'ont que deux manières d'être, la vie et la mort ; et puisque par la mort nous entendons

---

(1) On pourroit les ranger de cette manière :
MELANÆMA, *à submersione*,
       à suspensione,
       ab inspiratione aeris fixi (*gaz carbonici*),
       ab inspir. aeris phlogisticati (*gaz azoti*).

la privation de la vie , il ne peut y avoir d'intermédiaire entre deux. Dans l'état où le corps se trouve dans cette maladie , nous ne pouvons dire avec raison que de deux choses l'une , ou qu'il est en vie ou qu'il est mort. Si le corps asphyxié étoit vraiment mort , il faudroit en conclure , ce qui est impossible , que les moyens employés pour le faire revivre dans les différentes expériences rapportées dans la 4° section , peuvent donner de la vie à la matière morte ; le corps dans cet état est donc en vie , mais il l'est dans un degré différent de celui qui constitue la santé : or , puisqu'une différence dans le degré ne change pas la nature de la chose (1) , il faut en conclure que le corps contient encore ce principe qui est la cause immédiate de toutes les fonctions qui s'exécutent dans l'état de santé (2) , et que seulement ce principe n'est pas mis en activité , parce que les circonstances extérieures qui concourent avec lui et exercent leur influence sur le corps en santé , ne s'y trouvent point réunies ; ces circonstances extérieures sont la chaleur et la respiration.

Pour nous assurer du siége où réside ce principe , voyons quels sont les effets qui résultent de la privation de la chaleur et de la respiration dans les corps vivans.

On sait généralement qu'une médiocre diminution dans la température ordinaire du corps , ne produit pas la sus-

---

(1) *Majus aut minus non mutat speciem.*

(2) On parle , ce me semble , d'une manière bien impropre , quand on dit , pour exprimer l'état du corps dans l'asphyxie , *la vie est suspendue ;* on doit abandonner cette façon de parler ; elle semble induire à croire qu'on a la faculté de *ranimer* ou de *ressusciter* un corps privé de vie ; cependant on ne fait autre chose que guérir une maladie.

pension de ses fonctions ; mais on sait aussi qu'une diminution considérable de cette température les suspend
presque toutes (1). Ainsi, un certain degré de chaleur
dans les corps vivans est absolument nécessaire pour
entretenir les fonctions qui constituent la santé. Mais
quoique la chaleur soit absolument nécessaire pour cela,
la chaleur sans le concours de la respiration est insuffi-
sante ; car si vous vous contentez d'appliquer la chaleur
au corps vivant, dans le moment où toutes ses fonctions
sont suspendues, aucune d'elles ne se rétablira jusqu'à
ce que la respiration soit elle-même rétablie ; et bien
souvent l'application de la chaleur ne suffit pas pour
rétablir le jeu de la respiration, il faut des secours
artificiels (2). Voyez les expériences faites sur les amphibies dans la 4e. section.

Puis donc que la présence de la chaleur dans le corps
vivant n'est pas suffisante par elle-même pour entretenir
les fonctions de la vie sans le concours de la respiration,
la chaleur ne peut pas être regardée comme la cause
absolue qui en maintient l'exercice, mais seulement
comme une condition qui met le corps en état de les
exercer, si-tôt que la respiration a produit son effet.
D'après cela, quand la température naturelle est considérablement diminuée dans cette maladie, le corps se
trouve privé d'une condition absolument nécessaire pour

---

(1) Flora sibirica, præf. p. 72.

(2) Personne ne doutera que la respiration ne soit quelquefois
rétablie dans cet état par le seul effet de la chaleur. Réaumur cite
l'exemple d'une personne ranimée seulement pour avoir été exposée
aux rayons du soleil ; et la nature semble employer le même moyen
pour tirer de leur inaction les animaux qui restent engourdis pendant l'hiver, état très-analogue à celui de l'asphyxie.

favoriser l'opération par laquelle la respiration doit rétablir les fonctions de la santé.

Faute de respiration, le cœur cesse de se contracter, parce que le sang qui traverse les poumons est devenu un aiguillon insuffisant pour solliciter son action. Le cœur cessant de se contracter, toutes les autres fonctions sont suspendues. Cependant, si la température nécessaire et le jeu de la respiration sont rendus au corps peu de temps après que le cœur a cessé d'agir, les contractions de cet organe se renouvellent, et toutes les autres fonctions se rétablissent. Mais les contractions du cœur étant de nature à être suscitées de nouveau par l'application du *stimulus* propre de cet organe, c'est donc le cœur qui conserve ce principe (1), qui est la cause immédiate de ses contractions, et qui le conserve même après que l'exercice des autres fonctions est suspendu.

Si nous attendons trop long-temps après que le cœur a cessé de se mouvoir, pour rendre au corps et la température requise et la respiration, alors les contractions du cœur ne se renouvellent plus, et les fonctions ne peuvent plus se rétablir; et lorsque les contractions du cœur ne peuvent plus se rétablir par l'application de son *stimulus* propre, le cœur nécessairement a perdu le principe qui est la cause immédiate de son action, et nous n'avons plus aucun moyen de la renouveler.

Les faits démontrent donc 1°. que le cœur est par excellence le siége du principe de la vie dans tous les animaux parfaits. 2°. Que la contraction du cœur (2), par

---

(1) *Le principe de la vie.*

(2) C'est-à-dire cette action en raison de laquelle le cœur a la force de pousser le sang dans les voies de la circulation.

l'effet de son *stimulus* propre, est la seule preuve de la
présence de ce principe ; et quand le cœur est dans le
cas de se contracter dans les conditions prescrites, le
corps est en vie ; mais quand dans ces conditions nécessaires le cœur ne se contracte plus, le corps est mort :
ainsi la *vie* dans les animaux parfaits doit être définie
ainsi : *la faculté par laquelle les fluides sont poussés dans
le système de la circulation.*

Enfin, par-tout où les fonctions des animaux sont subitement suspendues, et le corps mis dans un état de
mort apparente, il est toujours en notre pouvoir de déterminer si réellement il est mort, et cela, en lui rendant la température convenable, et en remplissant les
poumons d'un air propre à la respiration. Mais pour que
cette décision soit sans réplique, il est nécessaire de
régler l'application de ces moyens, en faisant attention
à l'état des poumons, et à l'objet immédiat de la respiration. Ce sera la matière de la section suivante.

SECTION VII.

Déterminer les meilleurs moyens de guérir l'asphyxie des noyés.

J'ai tellement anticipé sur l'objet de cette section dans
différens endroits de cet essai, que j'ai peu de choses à
ajouter ici, et qu'il ne me reste à faire qu'un petit nombre d'observations sur la manière de diriger l'application
des moyens propres à opérer la guérison.

Pour remettre en activité les fonctions suspendues, il
faut que nous renouvellions les contractions du cœur.
(*Voyez la section IV.*) On y parvient en rendant au

corps sa chaleur et la respiration. (*Voyez la section IV.*)

Ainsi , dans tous les cas de cette maladie , le seul but
de la cure est d'exciter les contractions du cœur, et le
seul moyen d'y parvenir est l'application de la chaleur
au corps , et l'introduction de l'air dans les poumons ;
mais comme l'action de ces puissances est plus ou moins
efficace selon leurs proportions avec les circonstances
dans lesquelles se trouve le corps , il est nécessaire de
donner ici quelques règles pour diriger leur application.

Quand nous trouvons une personne attaquée de cette
maladie , il faut commencer par observer le degré de
température de son corps , et , s'il paroît très-inférieur
au 98° (29ᵉ de Réaumur) , il faut recourir à l'application de la chaleur. Mais comme l'échelle de cette chaleur est très-étendue , il est bon de déterminer quel degré est le plus propre à opérer le rétablissement des
fonctions.

On sait en général , par les observations journalières ,
que tant que la circulation du sang subsiste , la température du corps peut s'élever de plusieurs degrés au-dessus de sa mesure ordinaire , sans que le principe de la
vie soit détruit ; mais d'une autre part il paroît , par les
résultats de diverses tentatives faites pour ranimer les
animaux qui passent l'hiver engourdis , que quand la circulation est interrompue , et la température du corps ré-
duite près du degré de la glace , si la chaleur est appliquée ou trop rapidement , ou à un degré trop haut , le
principe de la vie se détruit promptement ; tandis que ,
si dans les mêmes animaux et dans les mêmes circonstances la chaleur est appliquée progressivement et à un
degré très-modéré , le principe de la vie est souvent re-
mis en activité , et les fonctions sont bientôt rétablies.

Ainsi, les effets de la chaleur sont très-différens selon que le corps est dans l'état de santé ou dans celui de maladie ; et l'on doit mettre une grande réserve dans les conclusions qu'on en tire pour appliquer la chaleur comme remède.

Mais, puisque l'état du corps, dans cette maladie, est à-peu-près semblable à ce qu'il est dans l'état d'engourdissement, et que les progrès de son rétablissement sont les mêmes dans l'un et l'autre cas, il semble qu'on ne risque guère de conclure que la chaleur produit sur les animaux ainsi affectés les mêmes effets que sur les animaux engourdis.

Ainsi, pour favoriser avec plus de succès le rétablissement des malades dont il est question, il faut diriger l'application de la chaleur suivant la marche que la nature elle-même nous indique, quand elle ranime les animaux engourdis. C'est-à-dire, qu'il faut l'appliquer d'une manière uniforme et par degrés, et l'élever jusqu'au 98ᵉ degré, et jamais au-delà du 100ᵉ. (Ces degrés de Fahrenheit répondent aux 29 $\frac{1}{3}$ et 30 $\frac{2}{9}$ de Réaumur.)

Quand le corps est échauffé uniformément, et que la chaleur des organes internes s'élève à environ 98 degrés (29 $\frac{1}{3}$), il faut que nous portions notre attention sur la poitrine, et si le malade ne fait aucun effort pour inspirer, il faut remplir ses poumons d'air.

Quand une personne est en santé, le but de la respiration est de changer la qualité du sang qui traverse les vaisseaux pulmonaires, et de le rendre propre à susciter les contractions du ventricule gauche du cœur. Mais dans cette maladie les veines pulmonaires, le sinus veineux, l'oreillette contiennent une quantité de sang qui a traversé les poumons sans avoir subi ce changement essentiel ; le premier objet est donc, en enflant les poumons , de changer la qualité du sang dans les troncs des veines pulmonaires ; dans le sinus veineux et dans l'oreillette , pour qu'il devienne propre à exciter leurs contractions. Cela se doit faire en introduisant assez d'air dans les poumons pour que cet air opère des changemens chimiques dans le sang que contiennent ces cavités.

Dans ce dessein , il faut à chaque *insufflation* pousser dans le poumon une grande quantité d'air. Car, si chaque fois on n'y introduisoit que 12 pouces cubiques de ce fluide , cette petite quantité ne se répandant que dans les bronches principales de la trachée , n'agiroit que sur une très-petite portion des vaisseaux pulmonaires. Si au contraire on en pousse à-la-fois une grande quantité , une partie de cet air ira distendre les dernières cellules du poumon , et ces cellules étant ainsi uniformément dilatées , les veines pulmonaires, le sinus veineux , l'oreillette gauche éprouveront , autant qu'il est possible , l'action de ce fluide , et recevront des petits vaisseaux une partie du sang déjà changé par cette action.

D'après ces considérations, on doit introduire à chaque *insufflation* dans le poumon d'un adulte plus de cent pouces cubiques (1) , et on doit avoir l'attention de l'en retirer avant d'en introduire de nouveau.

Mais il reste encore une difficulté. Quelquefois une certaine quantité d'eau pénétre dans les petites bronches de la trachée , et même dans les cellules aériennes. (*Voyez la section II.*) Si dans cet état on dilate les pou-

---

(1) L'utilité de ce conseil est confirmée par ce qu'on voit arriver dans le rétablissement spontané qui suit les syncopes ; la première inspiration est généralement très-profonde.

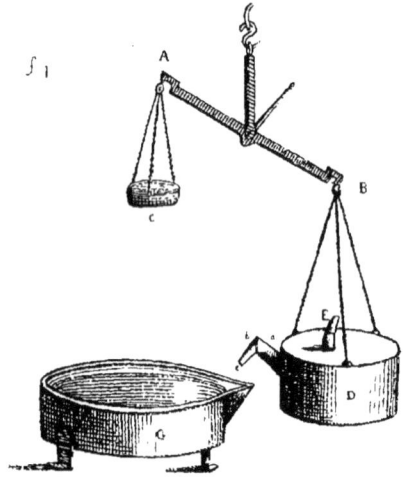

$\int_1$

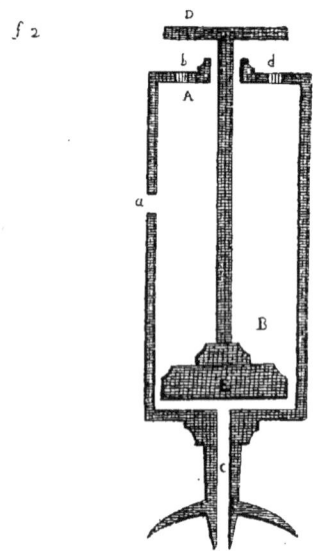

$\int_2$

mons, il se trouve que les parties de ces organes, que l'air frais devroit sur-tout occuper, sont remplies par l'eau ; et avec quelqu'attention et quelque soin que se fasse l'insufflation, il en peut résulter l'impossibilité de faire parvenir l'air frais assez près du *sinus venosus* et de l'oreillette gauche pour changer la qualité du sang que ces organes contiennent (1). En tous cas, si la quantité d'eau reçue dans les poumons est considérable, il faut en faire sortir une partie avant de tenter l'introduction de l'air. Quelquefois une petite quantité de cette eau sort par son propre poids, quand la tête est inclinée en arrière, et l'on en pourroit faire sortir encore davantage au moyen d'un instrument construit sur les principes des pompes, et disposé pour retirer des poumons une partie de ce qui y est retenu.

Pour cet effet, je propose l'instrument suivant, représenté sous les lettres A B C D E (*fig. II*). Le cylindre de cuivre A B contient cent pouces cubes d'air, et communique avec l'atmosphère par la petite ouverture circulaire *a*. Le piston D E est de bois, et garni d'une substance molle et souple à son extrémité E, de manière à bien garder l'air. Les deux ouvertures *d*, *b*, sont prati-

---

(1) Il me semble avoir vu quelquefois la confirmation de cette opinion dans les jeunes animaux dont les poumons contenoient une grande quantité d'écume après la submersion. Si dans cet état je distendois complettement leurs poumons, le sang ne changeoit pas sensiblement dans le sinus ni dans l'oreillette. Le battement du cœur ne se renouveloit pas, quoique ce muscle fût encore susceptible de se contracter. Les écrivains hollandais ont fait mention de quelques cas semblables observés dans des hommes submergés. Ces personnes faisoient spontanément quelques inspirations, et néanmoins ils ne se rétablissoient pas. On peut donner à ce défaut de succès la même explication.

E

quées pour donner issue à l'air quand le piston s'élève au-dessus de l'ouverture latérale *a*. Le tube C est disposé pour en recevoir un plus petit qui doit être introduit dans le nez, le larynx, la trachée (1).

Si l'on veut distendre les poumons, il faut mettre l'extrémité du petit tube dans un des passages destinés à l'air, et fermer exactement tous les autres. Le piston étant tiré en haut, et l'ouverture *a* bouchée avec le doigt, on pousse le piston, et l'air contenu dans le corps de pompe passe dans les poumons. Au bout de quelques secondes on retire le piston, et l'air repasse des poumons dans le corps de pompe ; alors vous ôtez le doigt de dessus l'ouverture *a*, vous poussez le piston, et la plus grande partie de l'air expiré s'échappe dans l'atmosphère. Après cela, on retire de nouveau le piston, sans fermer l'ouverture *a*, et une certaine quantité d'air frais passe dans le cylindre, pour être encore poussée dans les poumons de la même manière.

Mais quand il est nécessaire de retirer de l'eau des poumons avant de les remplir d'air, on commence l'opération, le piston étant poussé tout-à-fait. Alors le petit tube étant en place, on retire le piston jusqu'à ce que son extrémité E joigne l'ouverture *a* ; dans cette action, l'eau s'élève des poumons dans l'arrière-bouche, ou même dans le cylindre. Si l'eau est passée dans le cylindre ou le corps de pompe, on peut l'en rejeter en dégageant le tube C du petit tube. L'on peut répéter cela une ou deux fois, mais toujours avec une grande pré-

---

(1) Cet instrument m'a été donné par M. *Nooth*, homme distingué par son caractère généreux et communicatif, et auquel les arts sont redevables de plusieurs inventions utiles, dont on a fait ordinairement honneur à d'autres.

caution pour éviter de rompre les vaisseaux pulmonaires. Ensuite on pousse l'air dans les poumons suivant
la méthode indiquée (1).

Si l'on continue, pendant quelques minutes, de pousser ainsi de l'air dans les poumons en y mettant toute
l'attention et la modération possibles, les contractions du
cœur se rétabliront par degrés. Les autres fonctions se
renouvellent bientôt sans autre incommodité qu'une respiration difficile et stertoreuse, qui souvent continue
pendant quelque temps. Cette incommodité vient d'un
peu d'eau qui séjourne encore dans les poumons, et qui
s'évapore peu-à-peu avec l'air expiré.

Quand on peut se procurer, pour ces opérations, de
l'air déphlogistiqué (*gaz oxygène*, ou *air vital pur*), on
doit toujours le préférer à l'air atmosphérique. Je l'ai
quelquefois employé dans les petits animaux, et ordinairement le rétablissement étoit plus prompt qu'avec l'air
atmosphérique ; mais jusqu'à présent je n'ai encore pu
rétablir avec l'air déphlogistiqué (*le gaz oxygène*), ceux
que l'air atmosphérique n'avoit pu rappeler à la vie.

D'autres remèdes ont été recommandés pour cette

_____

(1) On a dernièrement proposé d'autres machines pour pousser
l'air dans les poumons dans cette maladie ; les principales sont celles
de M. *Kite*, de Gravesend, et de M. *Hurlock*, du cimetière St-
Paul, tous deux chirurgiens d'un mérite distingué. Je ne les ai pas
encore essayées sur les animaux, mais je sais qu'elles sont très-
propres à l'usage auquel elles sont destinées. Il paroît néanmoins
qu'elles sont fort surchargées de soupapes ; or, dans le choix d'un
instrument de cette nature, qu'on est obligé de confier souvent à
des hommes mal-adroits et ignorans, il me semble qu'il faut préférer les machines les plus simples, où il n'y a ni soupapes ni
robinets, et où la quantité d'air dont on a besoin est strictement
mesurée. Au reste, c'est à l'expérience à décider du mérite de ces
instrumens et de la préférence qui leur est due.

maladie par différens écrivains. On assure que plusieurs ont été employés avec succès ; mais comme les circonstances de leur application et les changemens progressifs qu'ils opèrent dans le corps, n'ont point été détaillés avec assez de précision, on ne peut encore rien dire de bien sûr touchant leur efficacité. Et véritablement, si nous en jugeons par l'histoire de leur introduction dans la pratique, ou par leur action ordinaire et connue sur les corps vivans, il semble qu'on doit peu compter sur leur usage.

Plusieurs ont dû leur admission à de fausses notions sur la nature de la maladie (1) ; d'autres, à des opinions erronées sur le principal siége de la vie (2) ; d'autres, à l'ignorance des meilleurs moyens de mettre en action le principe de la vie (3). Aucun de ces moyens ne paroît propre à susciter, par une action directe, les contractions du cœur. Cependant comme des sociétés savantes en ont autorisé l'usage dans la pratique par leur approbation, c'est à l'expérience seule à décider de leur efficacité.

Dans tous les cas que l'on a cités à l'appui de leurs suc-

---

(1) Telles sont la saignée, les frictions, les secousses. Voyez *Mémoires sur les noyés*, etc. par M. Louis. *Nederlandische Jaarboeken*, avril 1758. *Dissertatio de syncope*, Aut. *Hyeron*. Queye.

(2) Telle est l'application de différentes substances à la peau, à l'estomac, aux intestins, aux parties de la génération, aux narines, au fond de la gorge, aux extrêmités des doigts, etc. *Dissertatio de causâ mortis submersorum*, Aut. Jacob. Gummer.

(3) Telle est l'application de l'électricité, l'usage de l'alkool, de l'alkali volatil, du tabac, des huiles essentielles et des substances âcres et stimulantes. V. Trait. Isnard, p.13. obs. V. Ranchinus, in tract. de mort. subit. c. XII. Aetius, in Tetrab. II. Serm. IV. cap. XLIX. Le voyage d'Acadie, p. 190.

cès, on avoit échauffé le corps des malades. Or, dans la section sixième, nous avons prouvé que la chaleur est quelquefois suffisante toute seule pour opérer le rétablissement. Par conséquent, toutes les fois que les remèdes sont appliqués dans de semblables circonstances, on ne peut avec certitude leur attribuer la réussite. Au contraire, toutes les fois qu'on les a employés, le corps étant à un degré de température trop foible pour qu'on pût soupçonner la chaleur d'avoir quelque part à la guérison, il est d'expérience qu'ils n'ont produit aucun effet. Ainsi, le concours de la chaleur est nécessaire pour en assurer le succès.

On me dira que peut-être le concours de la respiration n'est pas plus essentiel au succès du traitement.

Pour s'en assurer, il faut employer les premiers remèdes conjointement avec la chaleur, en faisant en même temps attention aux changemens progressifs qui ont lieu dans le corps pendant leur application, et en observant si les fonctions se renouvellent avant que la respiration se rétablisse.

Je les ai employés séparément dans divers animaux, avec les conditions susdites, et j'ai soigneusement observé les changemens progressifs qui en résultoient. Quelques-uns étoient rétablis, d'autres ne l'étoient pas ; dans tous les cas où je réussissois, voici quelle étoit la succession des phénomènes dans le rétablissement. Les organes de la respiration étoient les premiers à se mouvoir. Deux ou trois inspirations se succédoient, les contractions du cœur se renouveloient peu à peu, et par suite les autres fonctions.

Il paroît donc que dans ces cas les remèdes ne réussissoient pas toujours, et que même, quand ils avoient du succès, les autres fonctions ne se rétablissoient qu'après la respiration. Donc ce concours de la respiration est nécessaire à la réussite des remèdes ; et si l'on convenoit que , soit en tout, soit en partie , ils fussent la cause du rétablissement, il faudroit convenir aussi que ce seroit en agissant sur les organes de la respiration , en les remettant en activité , en provoquant une inspiration , et portant par conséquent dans le cœur son véritable *stimulus* , réveillant ses contractions, et par-là rétablissant le jeu des autres fonctions. (*Voyez au commencement de cet article la note du traducteur.*)

Ainsi , si nous accordons aux remèdes l'efficacité que réclament en leur faveur leurs partisans, il faudra dire seulement que quelquefois ils produisent, par une action indirecte , ce que nous pouvons toujours opérer directement par la méthode que nous avons recommandée. Assurément nous ne devons pas hésiter à préférer un remède qui peut être appliqué directement , et qui agit sûrement et promptement à ceux dont l'opération est lente , indirecte et incertaine.

Dans les circonstances où l'on n'a pas les moyens nécessaires pour dilater les poumons, ces remèdes peuvent à la vérité être employés, mais il est bon qu'on soit instruit de leur insuffisance et de la nécessité de recourir à l'insufflation ; même après que les autres moyens sont restés sans succès.

Haller cite une observation, où les remèdes ordinaires ont été employés une heure entière sans succès apparent , et néanmoins le malade fut promptement rétabli par la dilatation artificielle des poumons (1) ; et j'ai souvent remarqué dans les petits animaux qu'ils se

---

(1) Disput. ad morb. curat. et hist. pertin. tom. VI , p. 318.

rétablissoient par ce moyen, quoique les autres remèdes eussent déjà manqué leur effet.

Nonobstant ces faits et ces conséquences, quelques praticiens seront peut-être encore disposés à ne se point écarter de la méthode des anciens. Pour de pareils raisonneurs, l'autorité est le plus puissant des argumens : eh bien, puisque parmi les gens qui ne veulent point se laisser convaincre par les résultats du travail des jeunes gens, il en est qui quelquefois se montrent dociles aux avis des hommes d'âge, nous hasarderons de leur donner cet avertissement dans le langage du franc et loyal Sydenham :

« *Atque hoc mihi, suffragante experientiâ multiplici,* » *compertissimum est ; experientiâ inquam, optimâ duce et* » *magistrâ, ad cujus leges et normam nisi exerceatur medi-* » *cina, eam prorsùs exulare satiùs esset : luditur enim* » *(quod aiunt) de corio humano plus satis, cum hinc em-* » *pirici, neque morborum historiam, nec methodum me-* » *dendi callentes et receptis tantùm freti ; istinc sciolorum* » *vanissimi spem omnem in affectato artis ambitu, et spe-* » *culationibus utrimque pari momento disceptatis ponentes.* » *Ea demùm praxis, eaque sola ægris mortalibus opem* » *feret quæ indicationes curativas ex ipsis morborum phæ-* » *nomenis elicit, dein firmat experientia ; quibus gradi-* » *bus magnus Hippocrates ad cœlum ascendit* ».

Dissertation sur la respiration, par le docteur Menzies, *publiée en anglais avec des notes, par le docteur* Sugrüe, *imprimée à Édimbourg en 1796.*

Depuis la publication de l'ouvrage du docteur *Goodwyn*, il a paru à Édimbourg une dissertation en forme de thèse, sur le même sujet, par le docteur *Menzies*. Cette dissertation, d'abord écrite en latin, a paru traduite en anglais, avec des notes, en 1796. Le traducteur est le docteur Ch. *Sugrüe*. Ce dernier ouvrage a eu, dit-on, en Angleterre un grand succès. Il a principalement pour objet de répondre à quelques objections qu'on avoit tirées des observations de *Goodwyn*, et par lesquelles on attaquoit la théorie de la production de la chaleur animale par la respiration. On prétendoit que la quantité d'air inspiré ne pourroit suffire à réparer les pertes habituelles de calorique, et maintenir le corps au degré constant de chaleur qu'il conserve tant qu'il est vivant. Nous allons donner un extrait de cet ouvrage.

Le docteur *Menzies* s'occupe d'abord de répéter les expériences du docteur *Goodwyn* sur la quantité d'air employé dans une *inspiration moyenne*. Il observe la difficulté de faire cette estimation par les procédés de *Goodwyn* (sect. III, exp. II, III, IV, p. 22 et suiv.) Il en cherche de plus exacts ; il en emploie deux différens, dont l'avantage, suivant lui, est de réduire à des quantités de peu de valeur les obstacles qui s'opposent à la liberté de la respiration dans les expériences de cette nature. Les résultats des expériences faites par ces deux moyens se trouvent coïncider parfaitement entr'eux, dans une suite d'épreuves assez nombreuses faites de l'une et l'autre manière.

Voici ces moyens.

L'un des deux est une machine dont les résistances sont aussi peu considérables qu'on puisse le desirer. Elle consiste dans deux tubes, dont l'un s'ouvre perpendiculairement dans l'autre ; en sorte qu'ils forment à eux deux un seul tube à deux branches, dont l'extrémité commune est adaptée à la bouche, et dont les deux autres extrémités sont terminées par des réservoirs membraneux formés de l'*allantoïde de veau*, membrane dont la ténuité et la souplesse la fait céder au plus léger effort. L'une et l'autre branche est garnie, mais l'une en sens contraire de l'autre, d'une légère soupape faite également de portions d'*allantoïde* ; de manière que l'air d'un des réservoirs sert à l'inspiration, et est ensuite expiré dans l'autre. Les *allantoïdes* sont l'une et l'autre d'une capacité à-peu-près égale, et déterminée par le calcul. La quantité d'inspirations et d'expirations nécessaires pour vider l'une et remplir l'autre, est également déterminée par l'expérience ; et il se trouve que le résultat de toutes les épreuves donne pour chaque inspiration une quantité moyenne, équivalente à 40 pouces cubiques anglais ; quantité égale à celle qui avoit été déterminée autrefois par *Jurin*, et triple au moins de celle qui a été trouvée par *Goodwyn* (page 25).

L'autre moyen est celui qu'avoit indiqué *Boerhaave*, sans le mettre à exécution. Il consiste à placer un homme dans un vaisseau assez grand, et rempli d'eau, et à observer le volume d'eau déplacé par l'expansion de la poitrine à chaque inspiration, &c. L'instrument du docteur *Menzies* est une barrique dont le fond supérieur est percé de manière à laisser passer la tête et le

cou par un trou environné d'un rebord élevé, qui re-
présente un cylindre d'une hauteur déterminée, et de
la capacité duquel on prélève l'espace occupé par le
cou. L'élévation de l'eau dans ce cylindre et sa base
connue, déduction faite du solide correspondant formé
par le cou de l'homme, donnent la connoissance du liquide déplacé à chaque inspiration.

Pour plus d'exactitude, le docteur *Menzies* adapte au
même fond un tube de verre gradué, pour juger de
l'élévation du liquide, et défalque de cette élévation le
petit surcroît que peut occasionner l'attraction de l'eau
pour le verre.

Cette expérience répétée sur des hommes de différente stature, chacun pendant deux heures de suite,
avec toutes les précautions nécessaires pour que l'individu soumis à l'expérience n'éprouve aucune gêne ni
aucune impression désagréable, a donné des résultats
parfaitement semblables dans leurs termes moyens à ceux
que le même physicien a obtenus par sa première méthode ; les mêmes hommes étoient soumis successivement aux deux modes d'expérience.

Le docteur *Menzies* conclut de-là que le nombre moyen
d'inspirations dans une minute est de 18, et que
la respiration moyenne d'un homme de stature ordinaire peut s'évaluer constamment à 40 pouces cubiques,
mesure anglaise.

A l'égard de l'air restant dans le poumon après une
expiration ordinaire, et que *Goodwyn* suppose être de
109 pouces cubes, fondé sur des expériences faites sur les
cadavres (page 21), le docteur *Menzies* corrige encore
ce calcul, et dit ; après une expiration ordinaire,
l'homme peut encore, par une expiration complète,
rendre 70 pouces cubes d'air, et les 109 pouces cubes

trouvés par *Goodwyn* sur le cadavre sont le résidu , non d'une expiration ordinaire , mais d'une expiration complète. Ainsi après l'expiration ordinaire , il doit rester dans le poumon une quantité moyenne de 179 pouces cubes , auxquels ajoutez les 40 pouces cubes d'air attirés par une inspiration ordinaire , vous aurez 219 pouces cubes pour la capacité du poumon après l'inspiration, et le rapport de capacité du même poumon dans les deux états sera celui de 219 à 179 , dont les racines cubiques sont dans un rapport qui ne diffère que très-peu de celui qu'indique *Goodwyn*, et au moyen duquel il évalue la dilatation des parois du poumon dans l'inspiration.

De ces faits, le docteur *Menzies* tire deux conséquences.

La première, confirme une conséquence parcille du docteur *Goodwyn* , qui est que la quantité d'air qui pénètre dans le poumon à chaque inspiration , ne produit pas dans les parois de leurs vésicules une dilatation assez grande pour qu'on puisse avec *Haller* admettre cette dilatation comme cause suffisante de l'influence de la respiration sur la circulation du sang. (*Voyez la conclusion de la section IV.*)

Par la seconde conséquence , le docteur *Menzies* réfute les objections faites contre la théorie de la chaleur animale, déduites des expériences du docteur *Goodwyn*, et de la petite quantité d'air employé dans chaque inspiration.

Il croit nécessaire pour cela de déterminer la quantité d'acide carbonique produit dans le poumon; par ce moyen de connoître la quantité de calorique qui se développe ; de calculer la portion de ce calorique qui se dissipe sous forme de chaleur sensible , et celle qui est employée à former la vapeur aqueuse pulmonaire ; et de parvenir ainsi à connoître la quantité de calorique restante dans le sang pulmonaire pour en soutenir la température , et réparer les pertes habituelles du calorique.

Pour parvenir à son but , l'auteur s'occupe d'abord de déterminer par l'expérience *la quantité d'acide carbonique* produit dans chaque inspiration. Pour cet effet, il examine l'air recueilli dans son premier appareil après avoir été respiré une fois, et contenu dans l'allantoïde destinée à recevoir l'air expiré. Il fait passer cet air dans une fiole remplie d'huile , pour éviter l'absorption de l'acide carbonique par l'eau. La fiole remplie , il la renverse dans un bassin plein d'une dissolution d'alkali caustique. Alors il agite la fiole ; la liqueur s'élève en proportion de la quantité d'acide carbonique absorbé et neutralisé par l'alkali. On tient état des hauteurs du baromètre et du thermomètre au commencement et à la fin de l'expérience , et , toutes corrections faites , on a la quantité d'acide carbonique absorbé. Il se trouve que dans toutes les expériences la proportion de l'acide carbonique à la quantité de l'air expiré forme un peu moins d'$\frac{1}{19}$ du volume total ; les résultats différens sont $\frac{1}{19,6}$, $\frac{1}{19,7}$, $\frac{1}{19,8}$. On observe outre cela , que dans la chambre où l'expérience se faisoit , la quantité d'acide carbonique contenu dans l'air environnant étoit trop petite pour pouvoir être appréciée.

Le docteur *Menzies* estime encore *la quantité de vapeur aqueuse* entraînée par l'air expiré ; pour cela il pèse l'allantoïde qui contient cet air, après l'avoir laissée se refroidir , et revenir à la température de l'air environnant. Il trouve que par minute elle a gagné deux grains , résultat singulièrement conforme à celui de *Hales*, qui, d'après une épreuve assez semblable , évaluoit la quantité de cette vapeur à 6 grains en trois minutes. Cette quantité de 2 grains par minute donne par jour une quantité totale de 6 onces , ou demi-livre *poids de troy.*

Ces premiers points étant établis par l'expérience ; savoir, 1°. que le nombre moyen d'inspirations dans une minute est de 18 ; 2°. que la quantité d'air employé dans chaque respiration est de 40 pouces cubes , et par conséquent de 720 en une minute ; 3°. que la quantité d'acide carbonique produit, n'excède guère *un vingtième* du volume total de l'air respiré , ce qui fait 36 pouces cubes en une minute, et 51840 pouces cubes en un jour ; 4°. que la quantité d'eau soutenue en vapeur dans cet air est de deux grains par minute , ou en dix-huit inspirations ; joignant à cela que 40 pouces cubes d'air atmosphérique avant d'être respirés pèsent 12 ,8448 grains, et 13 ,04274 grains après avoir été respirés , et avoir été dépouillés de leur eau par le réfroidissement ; il suit que dans un jour la quantité d'air expiré équi-
vaut à . . . . 338067 ,82 grains.

ou à . . . . 58 $^{l.}$,692 *poids de troy.*
Que dans le même espace de temps la quantité d'acide carbonique produit est de . . 22865 ,5 gros.

ou . . . . 3 $^{l.}$,9697 *poids de troy.*
Qu'il s'élève en même temps du poumon une quantité d'eau en vapeur égale à . . . 6 onc. *poids de troy.*

Supposant outre cela, d'après les bases établies par *Crawford* et *Watt* (1) au sujet de la quantité de calorique que développe la formation de l'acide carbonique ; des

_____

(1) Suivant le docteur *Crawford* , la quantité de calorique produit par la formation d'une livre d'acide carbonique , répond à

capacités respectives de l'air, de l'eau en vapeur, de l'eau liquide, du sang veineux et du sang artériel ; de la quantité de calorique nécessaire pour maintenir l'eau dans l'état de vapeur ; et de la quantité de calorique qui s'exhale journellement du poumon pour soutenir sa température à 98 degrés *Fahrenheit* ou à 66 degrés au-dessus du terme de la glace à ce thermomètre (29 $\frac{5}{9}$ *Réaumur*);

Voici comme raisonne le docteur *Menzies*, d'après toutes ces données.

Il s'engendre par jour dans les poumons en acide carbonique . . . . 3^{1} ,9697 *poids de troy.*

Cette quantité seroit capable de fondre dans le calorimètre . . . . 107 $^{1.}$,2622 *de glace.*

Sur cette quantité de calorique, il s'en dissipe sous la forme de chaleur sensible avec l'air expiré une portion capable de fondre selon le docteur *Watt* . . . . . . $27^{1.}$,6692 , ci 27,6692

La vapeur aqueuse du poumon en absorbe, tant pour se maintenir sous forme de vapeur . . . . $3^{1.}$,42854

que pour prendre la température du poumon selon sa capacité . . . . $1^{1.}$,8856

$5^{1.}$,31414

---

27 l. ,02024 de glace fondue , et une livre de glace absorbe, en se fondant , 140 degrés du therm. de *Fahrenh.*

La capacité de l'air est de très-peu moindre que celle de l'eau.

Celle de l'eau en vapeur est à celle de l'eau liquide comme 1,550 à 1,000.

Celle du sang veineux à celle de l'eau comme 0,8928 à 1,0000.

Celle du sang veineux au sang artériel comme 0,8928 à 1,03.

Somme totale à déduire de la quantité
de calorique dégagée dans le pou-
mon . . . .   32 l. ,9833
Ainsi sur la quantité totale de . . . . 107 ,2622
Déduction faite de . . . . 32 ,9833

Il doit rester par jour dans le poumon
une quantité de calorique représen-
tée par . . . .   74 ,2789
Ce qui fait par minute . . . . 0 ,05158
Cette quantité de calorique éleveroit
une livre d'eau *poids de troy*, de . .   7 d. ,22 *Fahr.*
Et en éleveroit 8 livres, même poids,
de . . . .   0 ,90265

Huit livres, ajoute-t-il, sont la quantité moyenne de
sang qui passe dans le cœur et par le poumon en une minute ; mais eu égard à la capacité respective du sang,
tant veineux qu'artériel ;

Le sang veineux ayant moins de capacité pour le calorique que l'eau, seroit élevé par la même quantité de
calorique, de . . . . 1 d. ,01103.
Et le sang artériel au contraire doué
d'une plus grande capacité seroit
élevé par la même quantité de calo-
rique, de . . . .   0 d. ,8763

De-là il suit que le sang dans le poumon reçoit un
accroissement de température de 1 ,01103 degré, qui se
réduit à 0.8763 par le changement de capacité ; et que
définitivement la température du sang dans le côté gauche du cœur excède la température du sang dans le côté
droit avant son passage par le poumon, de . . 0,8763,
ou d'un peu plus de $\frac{8}{10}$ de degré de l'échelle de *Fahr.*

Le docteur *Menzies* regarde ce degré de température,

renouvelé toutes les minutes, comme suffisant pour réparer les pertes habituelles du corps, qui ne seroient
pas compensées suffisamment, suivant lui, dans la supposition de *Goodwyn*.

On sent bien qu'il manque ici évidemment le calcul
comparé de ces pertes, et que tant qu'on ne sera pas
parvenu à les apprécier, la démonstration est incom-
plète.

D'après ces considérations, le docteur *Menzies* porte
encore sa critique sur la conclusion qui termine la section IV de l'ouvrage du docteur *Goodwyn*. Il paroît pen-
ser qu'on ne doit pas regarder *la qualité chimique que le
sang acquiert dans son passage par le poumon comme le
stimulus essentiel des cavités gauches du cœur*. Il attribue
cette propriété beaucoup plus à la chaleur animale qui
est le résultat de ce passage. Il cite à ce sujet une expérience du docteur *Gardiner*, qui mérite d'être rapportée
ici. Ce physicien enleva le cœur, et partie des gros
vaisseaux d'une tourterelle, le vida bien de sang, et
le sécha dans l'intention de le soumettre à des expériences. Il l'enveloppa ainsi dans un mouchoir. Six ou sept
heures après il le tira, l'irrita, et trouva qu'il ne don-
noit aucuns signes de vitalité. Il étoit sec et ridé. Alors
il le plongea dans de l'eau, dont la température étoit
à-peu-près celle du lait qui vient d'être trait ; après
l'immersion, il y apperçut des mouvemens et des trem-
blottemens ; il le plaça sur une table, et le piqua avec
une forte aiguille ; il y excita ainsi des palpitations qui
durèrent quelques temps, jusqu'à ce que ces partie
fussent redevenues froides, et par cela même insensi-
bles. Une nouvelle immersion dans l'eau tiède leur
rendit leur irritabilité. Cette expérience, répétée plu-

sieurs fois avec le même succès, démontre, dit le docteur *Menzies*, *que ce sont principalement la chaleur et*
l'humidité qui concourent à conserver le principe de la vie.

Après ces réflexions, le docteur *Menzies*, portant
son attention sur les difficultés qu'on éprouve pour rappeler quelques noyés à la vie, quoique en apparence
dans des circonstances favorables, présume que cette
difficulté est due à ce que l'air poussé dans les poumons
ne peut entrer en contact avec les dernières vésicules
de ces organes, à cause de la quantité d'écume et d'acide
carbonique qui les engorge et qui s'oppose à cette communication. Dans cette supposition, et lorsque tout
autre moyen paroît sans efficacité, il propose, au lieu
d'abandonner le noyé, de faire une incision à l'un des
côtés de la poitrine ; de laisser par ce moyen un des
poumons s'affaisser et repousser l'écume et l'acide carbonique qui le distendent, et alors de recommencer
l'insufflation, dans l'espérance de réussir mieux par-là
à déterminer l'action de l'air pur sur les vaisseaux pulmonaires. Il n'appuie cette proposition d'aucune expérience ; mais il croit qu'il est probablement des cas
où cette dernière ressource ne seroit pas inutile.

Nota. Telles sont les principales réflexions que le docteur
Menzies fait sur l'ouvrage du docteur *Goodwyn.* L'une et l'autre
de ces dissertations eussent été susceptibles de quelques remarques, sur-tout relativement aux élémens qui concourent à la formation de *l'acide carbonique* et de *l'eau* dans la respiration ; opérations par lesquelles on croit communément aujourd'hui que le
sang est à-la-fois dépouillé en partie de son *carbone* et de son *hy*
drogène ; ce qui fait que les résultats annoncés ici relativement à la
production de la chaleur animale, et qui n'ont rapport qu'à la formation de l'acide carbonique, sont peut-être encore loin de la pré-

F

cision à laquelle il seroit à desirer qu'on pût les amener. Beaucoup d'autres difficultés se présenteront encore à l'esprit du lecteur instruit ; mais j'ai cru devoir me contenter en ce moment de faire connoître et l'ouvrage du docteur *Goodwyn*, et les discussions, ainsi que les expériences auxquelles il a donné lieu ; cette matière n'est pas épuisée. Les Professeurs de l'école de médecine de Paris s'occupent en ce moment d'une suite d'expériences destinée à constater les faits établis par Goodwyn dans le cours de ce traité, et de comparer aux phénomènes de la submersion, tous ceux que présentent les différens genres d'asphixie possibles. Ce travail a pour but de completter autant qu'il se peut la théorie de la respiration, celle de l'influence des différens gaz sur cette fonction et sur les organes qui l'exécutent, et de déterminer les divers traitemens convenables dans toutes les espèces de morts apparentes.

F I N.

LIVRES NOUVEAUX qui se trouvent chez MÉQUIGNON l'aîné, rue ci-devant des Cordeliers, près des Ecoles de Chirurgie.

Réduction des mesures et des poids anglais employés dans les ouvrages de *Goodwyn* et de *Menzies*, en poids et mesures françaises, et en nouveaux poids et mesures.

MESURES DE CAPACITÉ.

	POUCES CUBES anglais.	POUCES CUBES français.	CENTIMÈTRES CUBES.
Mesure de l'air employé dans une inspiration moyenne, suivant *Goodwyn*.	12 .... à 14	9,9152 .. 11,5654 ..	196,4477; ou près de 2 décil. 229,1891 ; 2 décilitres ¼.
Suivant *Jurin* et *Menzies*	40	33,0440 ..	654,8261 ; 6 décilitres ½.
Air contenu dans les poumons, Après l'expiration, (..... selon *Goodwyn*,	109	90,0449 ..	1784,4013; 1 litre ¾.
Après l'inspiration, (.....	123	101,6103 ..	2013,5904 ; 2 litres.
Après l'expiration, (..... selon *Menzies*,	179	147,8719 ..	2930,3470 ; 2 litres ⁹⁄₁₀.
Après l'inspiration, (.....	219	180,9159 ..	3585,1532 ; 3 litres ⁵⁸⁄₁₀₀.

POIDS.

	poids de troy.	poids de marc.	hectogrammes.
Il se forme par jour en acide carbonique dans les poumons.	3ˡ,9697 ..	3ˡ,0023 ..	1ᵏ,6857
Il se sépare sous la forme de vapeur aqueuse par jour.	6 onces.	4 onc,956 ..	1 ,51505
La quantité d'air expiré dans un jour, pèse	58ˡ,692 ..	44ˡ,3887 ..	217 ,1273

GLACE FONDUE.

	poids de troy.	poids de marc.	hectogrammes.
Suivant *Crawford*, une livre d'acide carbonique, en se formant, doit faire fondre en eau glacée.	27ˡ,02024 .	20ˡ,4353 ..	99 ,9593
La quantité de calorique dégagé de l'acide carbonique formé par la respiration, dans l'espace d'un jour en fondroit	107 ,2622 ..	81 ,0024 ..	396 ,2232
De ce calorique il s'en échappe sous forme de chaleur sensible, par jour.	27 ,6692 ..	20 ,9262 ..	102 ,3605
Il s'en emploie à former la vapeur aqueuse, et à lui donner la température du poumon.	5 ,31414 .	4 ,0191 ..	19 ,6594
Il faut donc retrancher de la quantité totale de calorique produit.	32 ,9833 ..	24 ,9453 ..	122 ,0199
Donc, reste dans le poumon en calorique.	74 ,2789 ..	56 ,1771 ..	274 ,7703
Ce qui fait par minute	0 ,05158 .	0 ,0390 ..	0 ,1908

	temp. th. de Fahr.	th. de Réaum. 80d.	thermomètre centigrade.
La température du poumon étant au-dessus du terme de la glace, de . . .	66 d.	29 ,333 ..	36 ,666
Le calorique qui fond 107,2622 de glace, poids de troy, élèveroit une livre d'eau, poids de troy, à	7 ,22	3 ,21 ...	4 ,011
En élèveroit 8 livres à	0 ,90265 .	0 ,40 ...	0 ,501
Élèveroit 8 livres de sang veineux à . .	1 ,01103 .	0 ,45 ...	0 ,562
Et le sang artériel à	0 ,8763 ..	0 ,39 ...	0 ,487

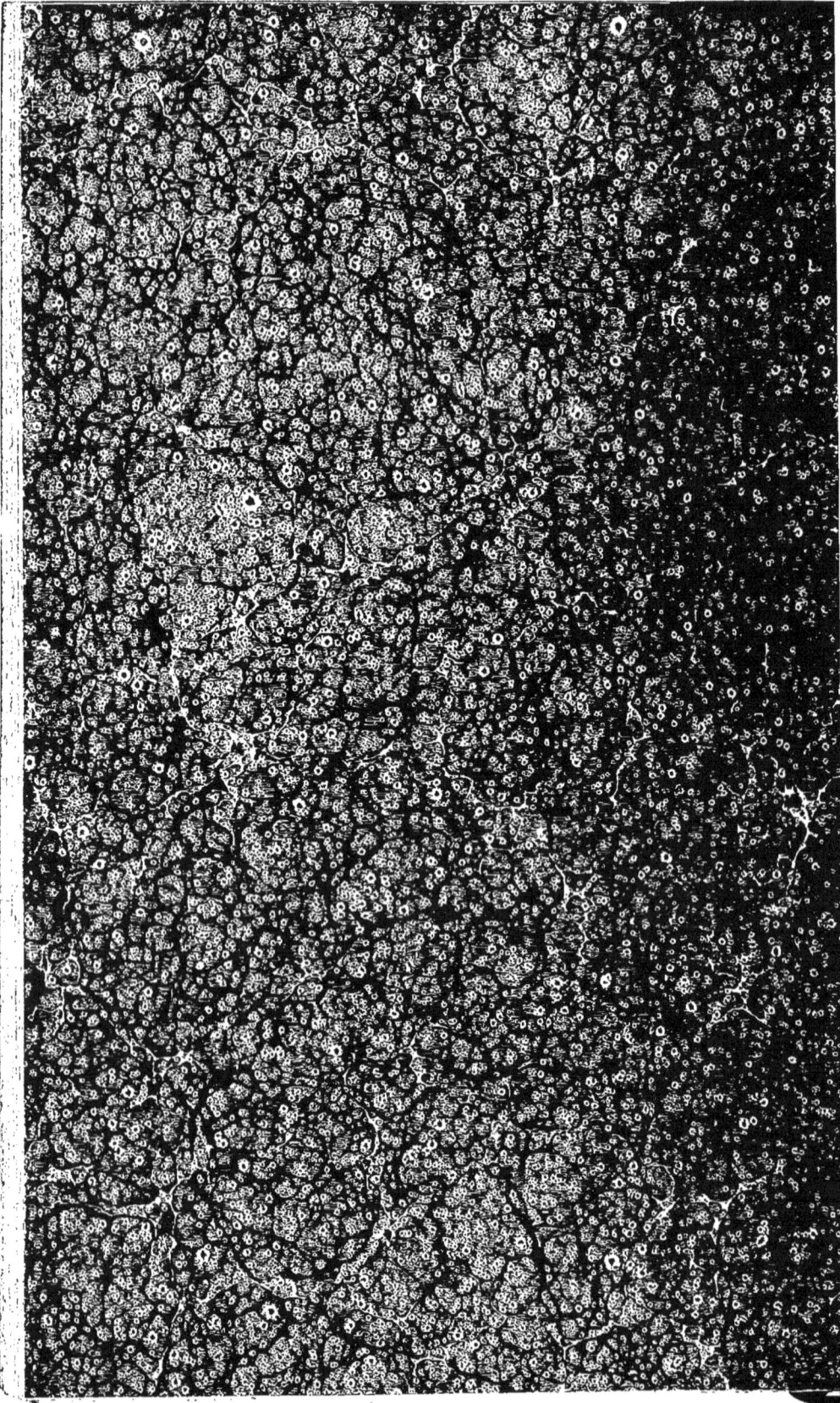

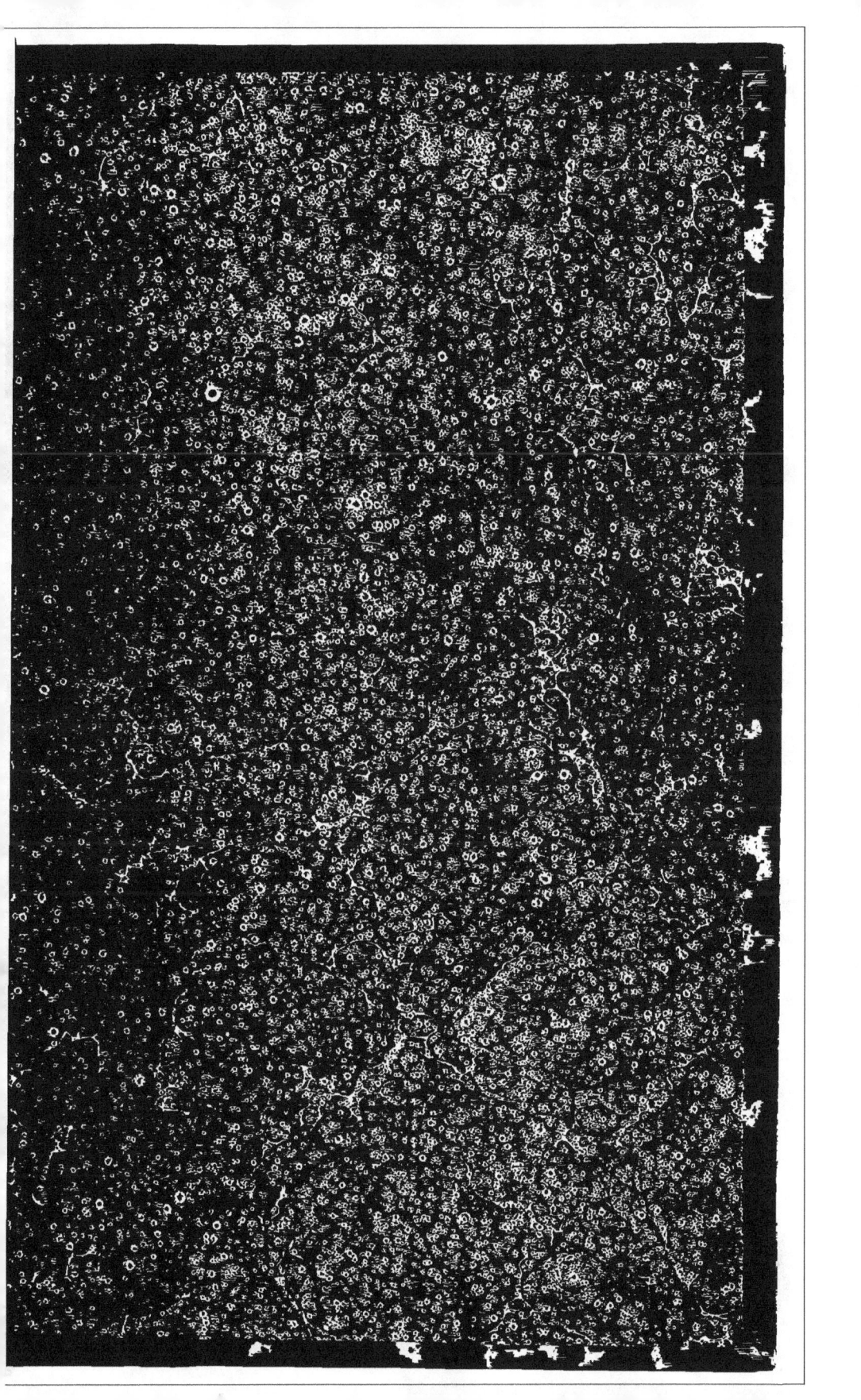

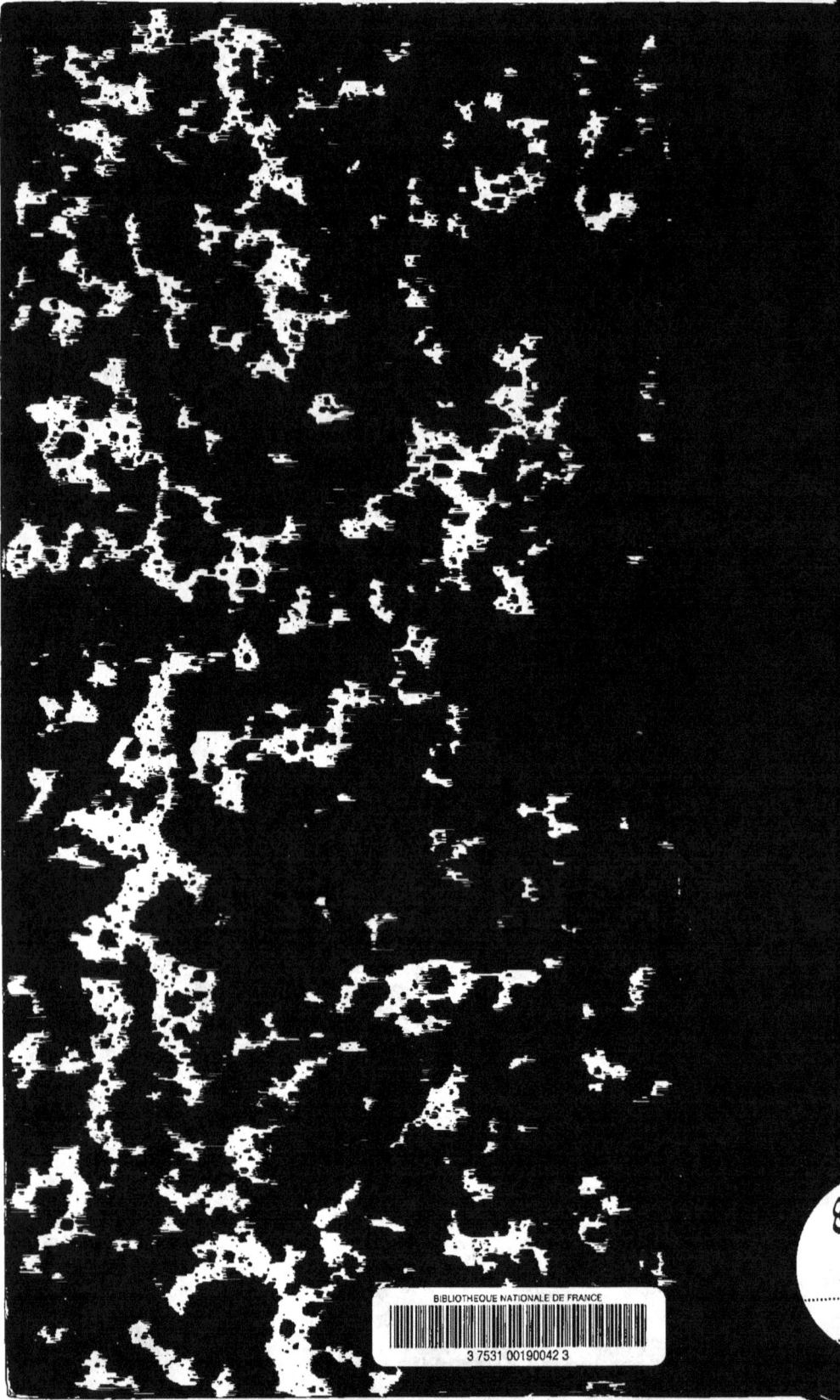

BIBLIOTHEQUE NATIONALE DE FRANCE

3 7531 00190042 3

www.ingramcontent.com/pod-product-compliance
Lightning Source LLC
Chambersburg PA
CBHW031731210326
41519CB00050B/6210